U0101320

The Exciting and Extraordinary Science Behind
Our Search for Life in the Universe

宇宙生命搜寻科学指南

〔英〕本·米勒（Ben Miller）著

温涛 译

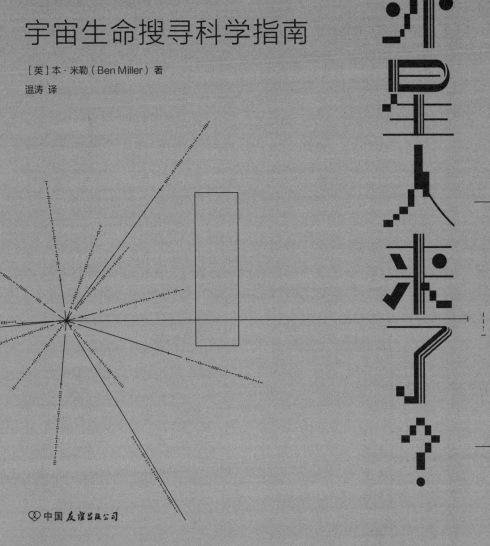

外星人来了？

中国友谊出版公司

THE ALIENS ARE
COMING!

图书在版编目（CIP）数据

外星人来了？：宇宙生命搜寻科学指南/（英）本·米勒著；温涛译 . -- 北京：中国友谊出版公司，2022.8

ISBN 978-7-5057-5506-2

Ⅰ . ①外… Ⅱ . ①本… ②温… Ⅲ . ①空间探索—通俗读物 Ⅳ . ① V11-49

中国版本图书馆 CIP 数据核字 (2022) 第 112549 号

著作权合同登记号　图字：01-2022-0704

书名	外星人来了？：宇宙生命搜寻科学指南
作者	［英］本·米勒
译者	温　涛
出版	中国友谊出版公司
发行	中国友谊出版公司
经销	新华书店
印刷	天津中印联印务有限公司
规格	889×1194 毫米　32 开
	10 印张　190 千字
版次	2022 年 8 月第 1 版
印次	2022 年 8 月第 1 次印刷
书号	ISBN 978-7-5057-5506-2
定价	42.00 元
地址	北京市朝阳区西坝河南里 17 号楼
邮编	100028
电话	（010）64678009

献给桑尼（Sonny）、哈里森（Harrison）和拉纳（Lana）

目 录
contents

第 一 章　　嗜极微生物　1

第 二 章　　SETI　42

第 三 章　　行　星　76

第 四 章　　宇　宙　110

第 五 章　　生　命　140

第 六 章　　人　类　173

第 七 章　　外星人　220

第 八 章　　信　息　260

推荐阅读　306

致　谢　308

插图来源　312

第一章

嗜极微生物

本章中，作者回顾了众多宇宙飞船探测任务，发现太阳系并非一片荒漠，而是一片绿洲。

我们为和平而来

2012 年 8 月 25 日，人类第一艘无人飞船抵达星际空间。这艘飞船于 35 年前[1]升空，掠过木星和土星，现已冲出太阳系，朝鹿豹座（Camelopardalis）飞去，这是一个位于北斗七星附近的鲜为人知的星座。飞船已经摆脱了太阳风的影响，但未来 3 万年内它依旧在太阳引力的掌控之中。3 万年后，飞船将穿越奥尔特云（Oort Cloud）。奥尔特云是由冰质碎石组成的厚外壳，包裹着我们的太阳和八大行星，就像包裹桃核的果肉一样。届时，飞船将飞出 1 光年之外。别去想什么银河系了，仅仅是太阳系的尺度就已超乎我们的想象。

---

1. 旅行者 1 号发射于 1977 年 9 月 5 日。——编者注

这艘名为旅行者 1 号(*Voyager 1*)的飞船,携带着世人熟知的金唱片,上面记录着地球人发送的信息。这张代表全人类的镀金唱片由美国著名宇宙学家卡尔·萨根(Carl Sagan)策划。唱片开始是一段时任联合国秘书长库尔特·瓦尔德海姆(Kurt Waldheim)的录音,他用带有强烈奥地利口音的英语,踌躇地朗读了以下声明:

> 我代表所有地球人民致以问候。我们走出太阳系,进入宇宙,仅为寻找和平与友谊:或应邀传道解惑,或有幸醍醐灌顶。我们清楚地知道,我们的星球以及星球上的所有居民仅仅是周遭浩瀚宇宙中的沧海一粟,我们怀着谦逊与希望踏出这一步。

接下来是一段集合了 55 种语言的语音[1]:从古代苏美尔地区使用的阿卡德语,到中国上海一带使用的现代汉语方言吴语。有些语言比较含蓄,如日语:“你好吗?”有的问候则包含了更多信息,如中国东南部厦门一带使用的闽南语:“太空

---

1. 与旅行者号相关的所有内容,我都参考了由克里斯托弗·赖利(Christopher Riley)、理查德·科菲尔德(Richard Corfield)和菲利普·多林(Philip Dolling)著的《NASA 旅行者 1 号和 2 号》(*NASA Voyager 1 & 2*)。该书属于海恩斯手册系列(*Haynes Manual*),不得不说实在太好了。

朋友，你们好吗？吃饭了没？有空来坐坐。"[1]古希腊语的问候则是话里有话："不管您是谁，都向您问好。我们是来交朋友的……前提是对方也把我们视为朋友。"

伴随这些语言问候而来的，是地球上 20 多种声音：脚步的回声、暴雨声、手锯锯开新鲜木材的声音，等等。此外，还有超过 100 张图像。例如，人类手掌的 X 光片、DNA 的化学结构图、一位男性和一位怀孕女性的剪影。最后，当然少不了地球上的音乐。唱片收录了人类史上 20 多首最佳乐曲，包括贝多芬（Beethoven）的《第五交响曲》第一乐章、巴赫（Bach）的《平均律钢琴曲集》（*Well-Tempered Clavier*），以及由查克·贝里（Chuck Berry）演奏的《约翰尼·B. 古德》（*Johnny B. Goode*）。

地球来信

听起来有科幻小说的味道 —— 我尽力去营造这样的效果 —— 不过这些都是真实的。就我们目前掌握的信息，金唱片还没有被任何外星人截获。如果真的有外星人截获了，我们倒是很好奇他会如何处置它。首先，我们希望外星人的体型不要过大。如果外星人有蓝鲸那么大，那么他们单单是把唱针

---

1. 闽南语发音为："太空朋友汝好！汝呷饱未？有闲来阮这坐坐！" —— 编者注

放入音槽里估计就得费好大劲儿，更不要说搭建一个高保真音响系统，并以 16⅔ 转 / 分钟的速度播放唱片了。同样，外星人的体型也不能过小。例如，微生物大小的外星人也许永远不会意识到金唱片或者旅行者 1 号的存在。

接下来，我们还希望外星人对时间的知觉和我们一样。在后面的章节我们会看到，并不是所有的地球生物都拥有时间知觉，所以我们也不要奢望所有外星人都跟我们一样。举例来说，乌鸦的大脑对时间流逝的感知比人类更快。在乌鸦看来，人类的对话显得缓慢而刻意。如果"外星人时间"比"人类时间"流逝得更快，他们可能就不会意识到人类的言语中所包含的信息，因为那听起来像是冗长的无病呻吟。要理解人类的语言，外星人大脑的运转速度需要和人类一样。

既然说到人类讲话，我们更希望发现金唱片的外星人拥有听觉，同时，他们听觉覆盖的频率范围和我们人类一致；并且，他们也通过发出声音的方式相互交流。往深了说，我们希望在信息中表达的一些概念——例如"和平""太空"和"时间"——在外星人的语言中有对应的词语。更进一步说，我们希望外星人文化中有"交换信息"的概念，而不是一言不合就干架。

话说到这里还没结束。如果外星人想看到金唱片上的使用说明，包括如何解码金唱片内的信息，那他们最好要拥有视觉，而且他们视觉的电磁波谱响应范围最好和人类的眼睛一致。地球上就存在着不需要视觉的生命形式。例如，一个拥有超级智慧的蝙蝠种族会认为金唱片不过是一张金属飞盘，而一个有超级智慧的细菌群可能会把金唱片看作食物。

最重要的是，我们要祈祷外星人对人类文化有良好的理解能力。若非如此，他们大概很难理解我们的目的。在存储空间如此珍贵的情况下，为什么还要收录如此多的问候？为什么有些人类图像中显露了生殖器，有些没有？收录音乐的作用是什么？这些人是谁？他们想对我们说什么？

简单来说，我们希望外星人和我们越像越好。

人类的外星人情怀

我们是否是宇宙中的唯一？大概没有什么问题比这个更吸引人了。我们在夜间所看到的暗弱银河，实际上包含数十亿颗恒星。难道这其中，只有地球是唯一的宜居星球，并且只有人类是唯一的智慧种族吗？如果有其他的智慧生命，我们能否与之交流？

古希腊人认为，我们可以。例如，现代科学奠基人之一伊壁鸠鲁（Epicurus）在公元前300年左右曾提出："一定存在另外的世界，那里既有植物，也有其他生物；有些和我们这里的很相似，有的则截然不同。"牛顿也持类似观点。在他那本著名的论述力学和引力的作品《自然哲学的数学原理》中，他在补写的附录[1]里鲜明地表达了自己的观点：

> 这个关于太阳、行星和彗星的最美丽的系统，只能在一个聪明而强大的生物的建议和统治下运行。并且，如果这些恒星是其他类似系统的中心，那么所有这些，由于是在类似的智慧顾问下所形成的，就必须完全服从"惟一"的统治。

外星人无处不在。他们既可以是警告我们不要发动愚蠢核战争的天使，也可以是劫持我们以进行奇怪性实验的恶魔。从20世纪上半叶愤怒的小绿人到如今温和的小灰人，他们的外形千变万化。他们乘坐飞碟拜访我们，通过心灵感应与我们沟通，或在空中以奇怪的光出现。然而，据我们目前所知，这些都不过是我们想象的产物。尽管我们希望并非如此，但对于拥有先进科技的外星人是否曾到访地球，并没有确凿的证据。

不过，不要因为这本书讲的是科学你就把书扔在一边，转而去看身心灵方面的内容。因为在很多情况下，真正的科学要比那些有趣得多。在解剖外星人的新闻抢占头版头条之时，数以千计的科学家——那可都是真正努力工作的、接受同行评议的合格科学家——正在朝着真相一点点进发。相信我，如果我们成功和外星智慧生命取得联系，那些所谓的飞碟以及小

---

1. 指牛顿在《原理》第二版出版时所补写的"总释"。——编者注

绿人的故事看上去都将明显有人造的痕迹。

　　显然，我们在近些年中观察宇宙生命的方式发生了巨大变化。通过美国国家航空航天局（NASA）的开普勒任务（Kepler Mission），我们发现，银河系中到处都存在着与地球相像的行星。我们还了解到，地球上很早就出现了生命，这些生命在极端环境下依然茁壮成长。随着我们的探测器和载人航天工程进入太阳系探险，我们获得的类地行星的图像精度越来越高，距离我们首次与外星生命接触的时刻可以说是越来越近了。

　　大部分科学家预想，首次与外星生命接触会通过望远镜发生，至于生命的形式，大概会是肉眼不可见的单细胞微生物。另一种更微乎其微的可能性是，我们在太阳系内某个冰卫星中发现微生物，甚至它们可能就生活在地球上，与我们比邻而居。如果单细胞生物如我们目前所认为的那样广泛存在，那复杂的智慧生命也不会太遥远了。[1] 具体还有多遥远，正是本书要谈论的主题。

　　令人兴奋的是，原来地球上的生命可以教会我们许多关于地外生命的知识。我们将看到，复杂生命要比单细胞生命罕有，至于有多罕有，那是一个激烈的辩题，不过已经被越来越充分地讨论。我们很快就会发现，智慧并非人类独有。实际

---

1. 这里所说的复杂，是从连接意义上而言。在复杂生命中，细胞形成组织，组织进而依次形成器官。

上，至少六种甚至更多的其他物种拥有智慧。某些智慧物种甚至拥有语言，解读它们的语言将是与地外生命沟通非常重要的第一步。

忘掉那些科幻小说吧。你正在经历科学史上最激动人心的变革之一。这一代物理学家、生物学家以及化学家都相信，我们不是唯一的智慧生命。通过了解这场变革的来龙去脉，我们会见识许多异常优美的科学，对一些真正深刻的存在主义问题的答案有所领悟。在理解接下来的内容时，拥有开放的心态会更容易一些。实际上，创造性的想法和科学想法同样重要，因为这些主题都指向人类何以成为人类的关键。

在正式开始以前，在这里先给大家列一个简明的阅读指南。开篇三章将介绍目前人类搜寻外星生命的概况，包括UFO 热、为什么要进行搜寻地外文明计划（SETI），以及为何SETI 会在 10 年内从默默无闻变得炙手可热。在本书的主要部分，我们会着眼于从地球生命的最新研究中获悉的“已知生命”和“未知生命”[1]的各种可能性。换句话说，即找到地外碳基生命和非碳基生命的可能性。最后，我们将关注于该如何解读外星信息，我们是否有运气接收到外星信息，以及应该用什

1.　原文分别为 "life-as-we-know-it" 和 "life-as-we-don't"。其中，前者是人工生命领域对生命的定义之一，通常被译为"如吾所识的生命"，也就是地球上的碳基生命；人工生命领域对生命的另一定义是"如其所能的生命"（life-as-it-could-be），包括除"如吾所识的生命"之外的一切其他可能的生命形式。——编者注

么类型的信息回复 —— 如果可以选择的话。

如果我们的科学是正确的，未来 10 年内我们就会有关于宇宙外星生物的确凿证据。正如我们将要看到的，概率很小，但如果我们真的够幸运，某些生物可能恰好处在演化的合适阶段，还向我们发送了信息，而我们又恰好能够理解。当你在看这本书的时候，这些信息说不定就正从你身边流过。如果你对如何截获这些信息以及其中的内容感兴趣，请继续阅读……

呼叫星际飞船上的船员 [1]

作为在太空时代出生的小孩，我一直对地球以外的生命着迷。我出生于 1966 年，阿波罗 11 号登月的时候，我 3 岁半。尽管当时我还太小，不能熬夜看现场直播，但我清楚地记得第二天铺天盖地都是新闻报道。即使现在，每当看到尼尔·阿姆斯特朗（Neil Armstrong）从登月舱走下，踏上月球表面的镜头时，我依然感到既兴奋又失望。兴奋是自然的，因为人类竟然做出了如此不可思议的壮举。失望之处在于，并没有一条五颜六色的巨大触手从岩石后面伸出来和阿姆斯特朗击掌。

对我的同时代人以及我来说，成功登月是一件新鲜事。大

---

1. 标题原文为 "Calling Occupants of Interplanetary Craft"，这是加拿大摇滚乐队 Klaatu 于 1976 年发行的专辑 "3∶47 E.S.T." 中的一首歌曲。——编者注

家都沉浸在由低重力和大气缺乏所引发的奇怪现象中，忽略了外星人的缺席。现在看来，在最初几次的阿波罗登月活动中几乎没有进行多少科学活动，这实在是太滑稽了。如果你还怀疑人类和黑猩猩不是同类，看看宇航员的表现你就明白了：他们在失重环境下翻跟斗，还试图在前往月球的三天旅程中开茶话会以消磨时间。在我现在看来，这些过度活跃的行为是为了分散地球上数十亿看客的注意力，避免我们认清一个令人不安的事实：月球很有可能是一颗死气沉沉的星球。

　　然而，这对我这个年纪的小孩不起作用。我们对有生之年遇见外星人抱有很高的期望。首先，我们承袭了科幻小说中出现大量外星人入侵题材的黄金时代。例如，雷·布雷德伯里（Ray Bradbury）[1]的《火星编年史》（*The Martian Chronicles*），约翰·温德姆（John Wyndham）[2]的《海龙醒来》（*The Kraken Wakes*）。在这些故事中，外星人总在暗中观察。当人类登上了科技宝座，也正是外星人入侵之时。普遍的看法认为，这些令人不寒而栗的故事是对冷战和苏联进攻威胁的表现。但如果你问我，我认为还有另一个诱因同样重要：那就是广播的诞生。

　　首先出现的是无线电广播。1901 年，马可尼（Marconi）[3]首次实现了跨大西洋无线电通信；第二次世界大战前夕，国际

---

1. 雷·布雷德伯里（1920—2012），美国著名科幻小说家。——编者注
2. 约翰·温德姆（1903—1969），英国著名科幻小说家。——编者注
3. 马可尼（1874—1937），意大利物理学家、实用无线电报系统发明人。——编者注

广播是德国重要的宣传机器。随后，电视出现了，并在 20 世纪 40 年代末占据主导地位。这两种媒介都通过巨大的发射器对地面发送信号，与此同时，这些信号也进入了宇宙空间。到 1950 年布雷德伯里出版《火星编年史》时，人们的集体潜意识里有这么一种思想，即如果邻近行星上有掌握先进科技的外星人，那么他们会清楚地知道我们的位置和我们的一举一动。

无线电广播和电视信号都通过电磁波传播，其速度为光速。[1] 这令我们感到不安。那些信号，以及此后的所有广播信号，都会从地球上传播出去，其中大部分信号已经传播了 70 年之久。如今，在我们的电视和无线电广播信号传播范围内有数百个恒星系，而在 1950 年仅有十几个。很可能外星人因为不喜欢《双峰镇》（*Twin Peaks*）的结尾，现在已经在前往地球的路上了。[2]

对我来说，故事讲得最好的还是卡尔·萨根。1997 年，基于他的同名小说改编的电影《超时空接触》（*Contact*）上映。电影开头，随着脱口秀、新闻简报，以及流行音乐电视信号的传播，镜头离开地球，进入银河系。随着脚步加快，我们逐渐赶上了越来越早的广播信号。一开始，我们听到的是激流金属（thrash metal）[3] 和辣妹组合（Spice Girls）的歌曲。随着向远处

1. 按照波长由长至短，电磁波谱的排序分别是：广播、电视、微波、红外线、可见光、紫外线、X 射线和伽马射线。
2. 换个角度想，也许大卫·林奇（David Lynch）就是想写给外星人看。
3. 一种诞生于 20 世纪 70 年代末 80 年代初的音乐流派。——编者注

推进，接下来是麦当娜（Madonna）和电影《星球大战》（*Star Wars*）第一部的主题音乐。再向外，我们听到尼尔·阿姆斯特朗说"人类的一大步"。最后，随着逐渐远离银河系，我们听到播音员播送《1939年麦斯威尔好消息》（*The Maxwell House Good News of 1939*）[1]，随后是莫尔斯电码的声音，接下来是一片寂静。

来自俄罗斯的情书

似乎跑得有点远了。重点是，即便在20世纪60年代，不少著名科学家依旧相信太阳系就存在着拥有先进科技的外星人社会，更不用说银河系了。令人惊讶的是，在我们发送的无线电信息中，专门用于与外星人接触的信息少得可怜。第一条信息是针对金星发送的，被称为和平信息（Mir Message）。这条信息用莫尔斯电码编写，于1962年11月19日从乌克兰一座雷达站发射，信息的内容很简单："MIR, LENIN, SSSR。"其中，Mir在俄语中是"和平"的意思；SSSR则是苏联的俄语缩写。如果有金星人能破译这条消息，那么他必须受到表扬。

---

1. 《好消息》（*Good News*）是一档在1937—1941年通过美国全国广播公司（NBC）播出的音乐综艺节目，该节目由米高梅公司（MGM）制作，咖啡品牌麦斯威尔赞助。——编者注

然而，随着 20 世纪 70 年代到来，以及我们对太阳系了解得越来越多，我们反而没那么乐观了。先是阿波罗计划被取消了，随后以实现载人登陆火星为目标的猎户座计划（Orion）也一并取消了。我们把注意力转移到了无人探测任务，发射了一系列机器人探测器。到了 1972 年，苏联发射的金星 7 号（*Venera 7*）成功在金星上着陆。我们由此了解到，金星的表面温度高达 500℃，而且它的大气中二氧化碳浓度极高，大气压是地球的 90 倍。三年后，金星 9 号（*Venera 9*）发回了首张金星天际线的黑白照片，那里看起来就像是一座废弃的板岩采石场。

还有更糟糕的。美国国家航空航天局于 1973 年发射的水手 10 号（*Mariner 10*）飞掠了距离太阳最近的行星水星。从体积看，金星就像是地球的孪生姐妹，而水星仅稍大于月球。正如你所预料的那样，水星上没有大气，表面遍布陨石坑。这表明它和月球一样，核心已经冷却。[1] 出乎意料的是，与月球不同，水星有微弱的磁场，这能在一定程度上抵御太阳风。不过，水星的表面温度经常飙升至 400℃，大概不会有人想把它

---

1. 陨石坑意味着没有板块构造，也就是说行星内部不存在熔融核心。最近，新视野号（*New Horizons*）飞掠冥王星时意外发现其表面很少有陨石坑。之所以意外，是因为冥王星太小，不能保留住其形成时的热量，其核心也没有足够的放射性物质驱动板块构造，并且，也没办法像四颗气态巨行星的卫星那样通过引潮力加热。

作为家园。[1]

在我 10 岁的时候，海盗号（*Viking*）登陆火星。真相简直是晴天霹雳。要知道，即便从地球上看，水星、金星和月球也是毫无生气的，但火星不同。火星是红色的，这是铁的颜色、泥土的颜色，也是生命的颜色。当海盗号的相机开始工作时，会有一群长了蓬蓬头的螃蟹四处逃窜吗？很遗憾，并没有。这颗红色行星的确有稀薄的大气层，所以在白天天空会呈现浅粉色，但它远没有达到宜居的程度。火星是一片荒漠。

旅行者号盖棺定论

最后，是旅行者号探测任务让我彻底死心了。20 世纪 80 年代，这对双子探测器先后拜访了木星和土星；旅行者 2 号更进一步，还拜访了天王星和海王星。它们发回的照片令人非常沮丧。从照片来看，尽管这四颗气态巨星非常美丽，但它们既没有坚固的岩石，也没有液态水，又怎么能够维持生命呢？

于是我们把目光投向了它们的岩石卫星，但希望再一次破灭。木星的四颗伽利略卫星 —— 木卫一、木卫二、木卫三和木卫四 —— 大小都介于水星和月球之间，环境也都跟水星和月球一样贫瘠。倒是也有一些惊喜。木卫一上有活火山，不

---

1. 水星比金星更靠近太阳，但比金星凉爽。原因在于水星没有大气层，因此没有温室效应。

停地喷出含硫气体；木卫二的表面像台球一样光滑。但仅此而已。这些卫星的大气极其稀薄，且位于太阳系内的寒冷地带，根本没有孕育生命的条件。[1]

随着木星的卫星出局，我们接着来看看土星的卫星。旅行者号探测任务的一大主要目标是探测土卫六。在当时，土卫六被认为是太阳系内最大的卫星。[2]旅行者1号在距土卫六仅6千米处飞掠而过，但只拍到了一层无法穿透的雾。这意味着土卫六拥有大气层，但另一方面也说明，我们无法得知大气层之下究竟有什么。这样的话，让旅行者2号继续观测土卫六毫无意义，于是转而让它飞向了天王星和海王星。在旅行者2号航行的途中，它成功拍摄了土星的另一颗卫星土卫二的照片，这颗卫星看上去就是一团固体水冰。[3]

如果说木星和土星的卫星仅仅是寒冷，那么天王星和海王星的卫星就可以用冰冷彻骨来形容了。1986年1月，旅行者2号拜访了天卫五，它的体积不到我们月球的1/7，表面平均温度为-210℃。它的外表可以用"诡异"二字形容，由许多陨石坑和光滑的表面拼凑而成，因此有人称它为"弗兰肯斯坦的

1. 这四颗伽利略卫星也是木星最大的四颗卫星——因此伽利略能够在第一时间发现它们。在旅行者探测任务抵达木星时，已经发现了13颗卫星，而旅行者号又发现了3颗新卫星。如今已经发现的木星卫星有67颗。
2. 事实上，它比木星的木卫三稍小一些。
3. 土星有62颗卫星，其中有7颗可以在自身引力作用下形成球形，这些卫星按照轨道半径从小到大，依次为：土卫一、土卫二、土卫三、土卫四、土卫五和土卫八，以及位于最外侧的、最大的土卫六。

月亮"。天卫五之所以有这样的表面，要么是经历了撞击又迅速重新组合，要么是它的内部在天王星的引力作用下被加热，而具有了类似于冰冷版板块构造的特性。[1]

最后，旅行者 2 号在 1989 年的夏天到达了海卫一，它是海王星 14 颗卫星中最大的一颗，约为月球的 3/4。和天卫五一样，海卫一也是个异类，状况不佳，它的公转轨道更是如此。你可能知道，行星自转及其卫星公转的方向一致，从太阳系上方观看，方向都为逆时针。但海卫一不同，它绕海王星的公转方向呈顺时针。这暗示它并不是海王星的原生卫星，而更可能是海王星从柯伊伯带俘获的一颗天体。尽管体积不及地球，但海卫一的地质活动相当活跃，陨石坑很少，表面覆盖着固态氮。毫无悬念，这里也是太阳系内最寒冷的地方之一，温度只有 –240℃。

这就是全部故事。我们在 20 世纪 50 年代还憧憬着和愤怒的火星来客战斗，在热带天堂与金发金星人来一次美丽邂逅；而到了 20 世纪 80 年代末，我们发现自己原来形单影只。1990 年 2 月 14 日，旅行者 1 号在穿越柯伊伯带途中回望太阳系，拍下了太阳系成员的全家福。在无边无际、毫无生气的黑色背景中，地球就是一个脆弱的像素点。"暗淡蓝点"，这是

---

1. 天王星有 27 颗卫星，其英文名多以莎士比亚笔下的角色命名，其中最大的分别是（按惯例排列）天卫十五、天卫五、天卫一、天卫二、天卫三和天卫四。

卡尔·萨根看到照片后对地球的描述。下面这段卡尔·萨根的话，文辞优美，值得反复品读。

　　地球是目前已知存在生命的唯一世界。至少在不远的将来，人类还无法移居到别的地方。访问是可以办到的，定居还不可能。不管你是否喜欢，就目前来说，地球还是我们的立足之地。有人说，学习天文学是一种让人谦卑并能培养品格的经历。除了这张从远处拍摄的、我们这个微小世界的照片，大概没有更好的办法揭示人类的妄自尊大是何等愚蠢。在我看来，这更加说明我们有责任更友好地相处，并且要保护和珍惜这个暗淡蓝点——这是我们迄今所知的唯一家园。

小猎犬号的历练

　　就这样，太空时代以我们的乐观开始，以宇宙的黯淡结束。我们发现自己原来孤身一人。推动航天科学发展的动力已不再单纯是探索未知，而是更加商业化，卫星产业也得以蓬勃发展。公众对太空的兴趣也减退了。在 21 世纪前 10 年，我不幸出席了一两场在北伦敦举行的宴会，一些聪明的、受过良好教育的与会者甚至对我们是否登上了月球表示怀疑。网络上一直有这样的传言，认为人类历史上最伟大的成就其实是美国政府的骗局。整个登月计划是斯坦利·库布里克（Stanley Kubrick）[1]在一个电影制片厂中利用电视摄像机拍摄的一出戏码，目的是挫伤苏联的士气，从而赢得冷战；而那些宇航员，根本没有拿自己的性命去冒险。他们都是大骗子。

如果让我选一个低潮期，我会选择小猎犬2号（*Beagle 2*）发射之时。小猎犬2号是一艘用于搜寻生命迹象的着陆器，是欧洲航天局（European Space Agency）2003年火星快车（Mars Express）任务的一部分。正如达尔文乘坐小猎犬号（HMS *Beagle*）的旅程启发他提出了演化论那样，我们希望这条勇敢的小嗅探犬能够探测到火星生命迹象，并改写生物学定律。小猎犬2号上的呼叫信号是模糊乐队（Blur）[2]的作品，机载摄像机的测试卡采用的是达明·赫斯特（Damien Hirst）[3]的圆点画作，小猎犬2号的整体感觉就是服用了类固醇的英伦摇滚，可以长生不老了。

平心而论，小猎犬2号的设计相当精妙。它的母船火星快车号本来只是一艘轨道飞行器而非着陆器，但多亏了英国人科林·皮林格（Colin Pillinger）[4]，他精通媒体并具有超凡的个人

---

1. 斯坦利·库布里克（1928—1999），美国著名电影导演、编剧、制作人。——编者注
2. 英国摇滚乐队，也译为布勒乐队。——编者注
3. 达明·赫斯特，英国当代艺术家，1965年出生于英国布里斯托。——编者注
4. 科林·皮林格（1943—2014），英国天体科学家，曾参与一系列火星陨石研究工作。——编者注

魅力，最终说服欧洲航天局的高层给小猎犬 2 号留了一个垃圾箱盖子大小的空间。当小猎犬 2 号从火星快车号上被释放后，它将通过两个接连打开的降落伞来减缓下降速度。另外，还有三个气囊在它着陆时起缓冲作用。一旦着陆成功，气囊就会脱落，主壳体的盖子翻开，翻转出四个花瓣状的太阳能电池板。随后，一只携带着采样工具的机械臂将伸出来，就像一朵巨大的花朵的柱头。

小猎犬 2 号携带的工具种类之多，令人印象深刻。除了前面提到的摄像机，还有一台显微镜、一个岩芯取样机、一个风力传感器、一个广角镜，以及一个被称为"鼹鼠"的伸缩式钻头，它能够挖掘火星土壤，最深可达 1.5 米。在收集到样品后，机械臂将把样品运至中央箱体的入口处。此时，中央箱体已准备就绪，可充当一个装备齐全的实验室，鉴别样品中的分子类型。如果火星上有 —— 即便是曾经存在过 —— 生命的话，小猎犬 2 号就很有希望找到一些蛛丝马迹。

着陆时间计划在 2003 年圣诞节。在预定的时间里，不少英国爱国人士守候在收音机和电视机前，等待聆听模糊乐队从另一个世界发来的呼叫信号。然而现实却是意外的寂静。小猎犬 2 号消失得无影无踪。看起来北伦敦那些自以为是的媒体人才是对的。登月从来就是假的，小猎犬 2 号的失败让他们愈发扬扬自得。

然而，"山重水复疑无路，柳暗花明又一村"。当我们的行星际探索征程陷入低谷，突然有一阵风似的热情从最意想不到的地方吹来，带动了面前的一切。当太空科学家把全部精力放在探索邻近的行星，却一无所获之时，在黯淡无光的微生物学世界中，他们的同行却后来居上。原来，我们在最不可能的地方发现了类似于"外星人"的东西，而这个地方，就在地球上。

这里的生命，和我们想象的不太一样

汤姆·布罗克（Tom Brock）酷爱户外运动，皮划艇和徒步是他的最爱。1964 年 7 月，他参观了位于怀俄明州的黄石国家公园（Yellowstone National Park）。著名的老忠实间歇泉（Old Faithful）便坐落于此，每隔一个半小时，就会有高达 150 英尺[1]的热水柱喷涌而出。但吸引汤姆·布罗克注意的并不是喷泉本身，而是温泉旁五彩斑斓的浮渣。原来，汤姆·布罗克不仅是户外爱好者，还是一位微生物学家。他意识到，他发现了一层微生物垫（microbial mat），但它不应该出现在几近沸腾的水中。

微生物是单细胞生物（例如细菌）的学名。顾名思义，单个的微生物非常微小，无法用肉眼辨认，但在合适的环境下，

---

1. 英制长度单位，1 英尺 = 30.48 厘米。——编者注

它们会聚集起来，形成微生物垫。出现在黄石公园的微生物垫通常含有色素。例如，当微生物垫呈绿色时，说明它含叶绿素；当呈现从黄到红的颜色时，则含类胡萝卜素。

叶绿素和类胡萝卜素在光合作用中扮演着关键角色。在这一过程中，微生物、植物和藻类利用光能将二氧化碳转化为长碳链分子，也就是我们常说的固碳作用。[1]这种效应在黄石非常壮观，尤其是在大棱镜泉（Grand Prismatic Spring）。那里的微生物垫呈同心圆状，在泉底中央呈深蓝色，随着水深变浅，向外依次呈绿色、黄色、橙色和红色。

毫无疑问，微生物是生物。过去我们认为，微生物只能在狭窄的温度范围下存活。毕竟，所有生物都由蛋白质组成，并且都含有水。低温时，这些蛋白质会凝结成固体；高温时，它们则会分解，或称为变性。我们每天做饭时都会遇到这样的过程。只要把肉类和微生物加热到60℃以上，即使最具弹性的蛋白质在你手中也会变成明胶。

至少，我们在20世纪60年代是这么想的。但汤姆·布罗克惊讶地发现，在黄石公园的热水池中，微生物正蓬勃发展。不久，他便把研究兴趣转移到了所谓的"嗜极微生物"——这是喜欢极端环境的生物。它们对极端环境的适应能力超乎想

1.　固定作用是将空气中的气体转化为固态或液态的作用。例如，固氮细菌能够将空气中的氮气转化为硝酸盐，而硝酸盐是植物生长所必需的一种物质。稍后我们还会提到固锰细菌。别惊讶，真的有。

象。从 20 世纪 60 年代中期到后期，布罗克和他的研究团队数次前往黄石做后续研究，他们发现，黄石热水池中的细菌菌株在 90℃的高温下也能繁殖。

　　这可是一个极其重要的大发现，但我们迟迟才明白是怎么一回事。实话说，当涉及真相时，我们人类并不是最可靠的生物。我们常常无中生有，又往往视而不见。黄石公园 1964 年的全年游客多达 200 万[1]，所有人都目睹了五彩斑斓的温泉奇观。这其中一定有不少科学家，可能还有一两位具有微生物学背景。然而，除了汤姆·布罗克，没有其他人注意到这个显而易见的事实：滚烫的水中出现了本不应出现的生物。

　　布罗克在不久之后就公布了他的发现，但直到 70 年代末，他的发现才开始见诸主流科学期刊。我们的故事在这时出现了另一个转机。一个勤奋的微生物学家，在黄石公园的温泉中发现了一些不寻常的、可以进行光合作用的细菌是一回事；地质学家在太平洋 2 千米的深处无意中发现了一个充满陌生生物的动物园，则是另一回事了。

可容纳三个人的深潜器

　　我们应该感谢美国海军那艘可容纳三个人的阿尔文号

1.　美国国家公园管理局提供的数据是 1 929 300 人次。

（*Alvin*）深潜器，原因有二。其一，1966 年，一架 B-52 轰炸机在空中加油过程中与空中加油飞机相撞，导致机上一枚氢弹落入地中海，随后阿尔文号在地中海海底找到了这枚未爆炸的氢弹，成功阻止了世界末日的到来。其二，有说法认为，阿尔文号找到了所有物种的发源地——当然了，也包括人类在内。

德国地质学家阿尔弗雷德·魏格纳（Alfred Wegener）于 1922 年提出板块构造理论。[1] 该理论认为，地壳并不是静止的，而是由多个板块拼凑而成，每个板块都在运动之中。板块边界处往往地质活动活跃，主要表现为火山、岛屿、山脉和海沟。具体的表现形式要看板块上方究竟是什么——是海洋还是大陆，还取决于板块间的相互运动形式——聚合、张裂，还是相对滑动。

至少，通常情况下是这样的，但也有例外。有时候，你会在远离板块边缘的中央地带发现火山的踪迹，地壳深处似乎埋藏了一些东西，我们称之为"热点"（hot spot）。板块覆盖在热点之上。板块移动并经过热点时，形成一系列火山。夏威夷群岛就是一个典型例子。夏威夷群岛位于太平洋板块中部，而太平洋板块正朝着欧亚板块运动，运动方向为西北方向。当太平洋板块经过热点时，炽热的岩浆从地壳深处一股股喷涌而

---

1. 学界通常认为，魏格纳提出的是大陆漂移说，提出时间在 1912 年；而板块构造学说是在其基础上的进一步完善，形成时间在 20 世纪 60 年代。——编者注

出，形成海底火山链。夏威夷群岛就是由这样的火山顶部露出水面形成的。[1]

有趣的是，黄石公园也是一个这样的例子。黄石火山上一次喷发是在 64 万年前，也就是说，火山现在正处于两次喷发之间的休眠期。当火山喷发时，火山周围区域通常会塌陷，形成的洼地被称为破火山口（caldera）。这个词源于西班牙语，意思是"烹调锅"。老忠实间歇泉和大棱镜泉就位于黄石火山上一次喷发后形成的破火山口中。第三个例子是科隆群岛，这里是勇敢的阿尔文号潜水器下潜的地方。

伊甸园

1977 年 2 月 8 日，阿尔文号搭载着一艘名为璐璐号（Lulu）的特制双体船，从巴拿马出发，前往科隆群岛以北的一座深海火山脊，也就是加拉帕戈斯裂谷（Galapagos Rift）。科学家计划在那里寻找热泉。海水有咸味，表示海洋在某些地方获得了咸水供给。内行人指出，海底应该也存在类似黄石公园的水池和间歇泉，盐分和矿物质从这些地方注入海洋。尽管如此，在阿尔文号开始下潜之前，我们还没有找到过一个真正的深海热

---

1. 如果你在地图上看看北太平洋，你会发现夏威夷群岛整体呈对角线分布。夏威夷岛是其中最年轻的岛屿，已经远离了热点所在的位置。如今，在距夏威夷岛海岸约 35 千米的水下，一座名为罗希海底山（Loihi Seamount）的新岛屿正在形成。

泉来证实这种说法。

在阿尔文号下潜的前一年夏天，科学家使用一台深海无人照相机在加拉帕戈斯裂谷寻找热泉，但没有成功。值得注意的是，虽然大量照片展现的是贫瘠的海底世界，但有几张照片上出现了一堆死亡的白蛤壳，还有一个啤酒罐。研究团队认为，这只是某艘船在海上开完派对后遗留的垃圾罢了，并把这个位置命名为"海鲜野餐会"（Clambake）。毕竟，阳光不会到达那样的深度，因此也就不会有生命存活。[1] 没有阳光，就不会有植物、藻类或者细菌，而没有这些就意味着没有可以食用的东西。

然而这一次，科学家大错特错了。1977 年 2 月 17 日，阿尔文号进行了一次下潜，杰克·唐纳利（Jack Donnelly）负责驾驶，同行的是两位地质学家，杰克·科利斯（Jack Corliss）和特耶德·范安德尔（Tjeerd van Andel）。当他们接近海底时，海水中开始出现微弱的闪光。果然，热液正从黝黑的火山岩中喷涌而出，冷却并形成黑色的含硫云雾，于是这种海底排液孔就有了"黑烟囱"的称谓。故事还没结束，当阿尔文号的探照灯打在周边岩石上时，他们发现这里有许多奇特的生物，堪称幽灵动物园。这里有巨大的白蛤、白螃蟹，甚至还有紫色的章鱼。重要的是，它们是活的。百思不得其解的科利斯拿起电

---

1. 随着下潜深度增加，海水每下降 10 米压强就会增加 1 巴（bar）。1 个大气压等于 1 巴。

话呼叫在璐璐号双体船上的研究生德布拉·斯塔克斯（Debra Stakes）。"深海不是应该像沙漠一样吗？"科利斯问道。得到斯塔克斯肯定的回答后，科利斯更加迷糊了："可是这下面有好多动物。"

随后几次下潜，他们发现了更多的热泉，同时也发现了更多的奇异生物。事情变得愈发扑朔迷离。在一处热泉中，他们找到了一种形似蒲公英的橙色动物；而在另一处被他们命名为"伊甸园"的区域，眼前的景象更是令他们窒息。他们在那里发现了一大群巨大的管状蠕虫，这些蠕虫的顶端是鲜红色的，仿佛一片花海在水中摇曳。他们尽可能收集这些海底生物的样本，但作为一支地质考察队，他们并没有携带多少甲醛来保存样本。于是他们退而求其次：在巴拿马买的几瓶俄罗斯伏特加酒。特耶德·范安德尔开始对寻找热泉的初衷失去兴趣，他夜不能寐，满脑子嗡嗡作响，都是和这些海底生物有关的问题。这些生物从哪里来？它们都吃些什么？

两年后，也就是 1979 年，一支由生物学家组成的队伍重新潜入深海寻找答案。此次科学家对阿尔文号进行了一番改装，增加了采握篮、第二机械臂，还配备了一台摄像机。每次下潜，探险队都会带回大量前所未见的生物：许多新的贻贝、海葵、海螺、帽贝、羽毛管虫、蜗牛、龙虾、海蛇尾，以及缺少视觉的白蟹等物种。在 1977 年那次下潜中发现的精致的、蒲公英状的橙色生物，其实是僧帽水母的近亲，不过它被带回水面后不久便分解了。最后，所有这些生物的食物究竟从何而来？生物学家霍尔格·扬纳施（Holger Jannasch）揭开了这一谜团。在这样一个巴洛克式的食物链中，位于食物链底端的是一些微生物。这些微生物并不是从阳光中获取能量，而是以热液喷口流体中的化学物质为食，具体说来，是硫化氢。

顿时，事情变得一切皆有可能。如果阳光或者适宜的温度并不是必需的，地球上还有哪些地方有可能潜伏着生命？突然间，嗜极微生物似乎无处不在。我们发现，核反应堆中的微生物欣然接受着辐射，而这种辐射强度的 1/10 就足以杀死最顽强的蟑螂。我们发现，在挑战者深渊（Challenger Deep）和马里亚纳海沟（Marianas Trench）深达 1.1 万米处，尽管压力巨大，但鱼类和微生物依然欣欣向荣。我们还发现了能在 pH 值为零的强酸中存活的微生物和真菌。我们甚至在岩石中发现了细菌。

所有这一切引出了一个有趣的问题：谁才是真正生活在极端环境中的生物，是它们还是我们？对生活在黄石酷热的温泉中的细菌来说，难道我们不是嗜极生物吗？我们不仅需要忍受干燥的环境，如此寒冷，水分还少得可怜，甚至会定期冻结。当第一个生命诞生时，它面对的是怎样的自然环境？会不会是黑烟囱的热浪孕育了最早的细胞，然后这些细胞才迁移到了更凉爽的、可以接触阳光的浅水层？既然微生物能在岩石中生存，那么它们有可能通过陨石在行星间迁移吗？有没有可能生命并不起源于地球——而是火星——只是机缘巧合被一块太空岩石带到了地球上？

　　简而言之，生命并不是我们想象的那样。它既不弱不禁风，也非稀世珍宝，更谈不上任何可预见性。恰恰相反，生命相当顽强，随处可见，适应力极强。在地球上，生命的要素似乎只是水、碳和能源。或许火星、金星和水星并不是我们想象中的荒漠状态。只要它们存在哪怕是微量的水分，就有可能成为某种细菌的家园。这样一来，那些在太阳系外围，绕着气态巨行星的冰卫星，是否也会是宜居之地？

物种起源

　　阿尔文号在科隆群岛附近发现了全新的生命形式，这有种冥冥中注定的意味，因为伟大的查尔斯·达尔文（Charles Darwin）正是在那些火山岛上收集了大量标本，由此产生了演化论。这个故事值得反复述说，不仅是因为达尔文堪称那个时代的宇航员，敢于深入博物学家没有到达的地方，更重要的是，演化思想是我们寻找地外智慧生命的关键。接下来的故事看似偏离了主题，但更容易让我们触及事情的关键。故事是这样的……

　　Galápago 是西班牙语，意思为"龟"。根据达尔文的日志，

小猎犬号的船员在 1835 年 9 月 18 日从查塔姆岛（Chatham）[1]
抓了 15 只巨龟，带回船上准备做一顿大餐。科隆群岛的动物几
乎没有天敌，它们好奇地信任着人类。实际上，狩猎和收集标
本几乎就是一回事。根据达尔文本人的记录，他曾用来复枪的
枪尖从树枝上打落了一只鹰，更离奇的是，一位名为金（King）
的海军学员魔幻般地用一顶帽子杀了一只鸟。

　　不出所料，这些巨龟给我们这位年轻的英雄带来了巨大冲
击，另外他还对加拉帕戈斯副总督尼古拉斯·劳森（Nicholas
Lawson）敏锐的观察力感到兴奋，"他能够清楚指出每只龟都
是从哪座岛带回来的"。[2] 换句话说，每座岛都有各自的陆龟物
种。但可惜的是，达尔文没能成功找到可以证明这一观点的标
本。他收集了三只巨龟的龟壳，它们分别来自不同的岛屿，但
这些龟壳来自幼龟，相互间几乎没有差别。

　　回到伦敦后，达尔文将他收集的所有标本上呈伦敦地质学
会（Geological Society of London）。他把鸟类标本交给伦敦动
物学会（Zoological Society of London）的约翰·古尔德（John
Gould）进行检查，其中就有采自加拉帕戈斯的标本，达尔文
将其分类为拟鹂、鸫鹛和雀。但古尔德的结果令人惊讶——
这些标本都属于雀类。"这非常奇特，可以组成一个全新的类
别，其中包含这 12 个物种"，达尔文脑中产生了一个大胆的想

---

1. 圣克里斯托瓦尔岛（San Cristobal）的旧称。
2. 原文引自《小猎犬号航海记》（*The Voyage of the Beagle*）。

法。毕竟加拉帕戈斯是新形成的火山群岛，如果最开始并没有雀类，是否存在这种可能，即一对雀鸟从南美海岸飞越而来，而它们的后代在不同的岛屿上分化成了新的物种？

为了验证这个观点，达尔文需要证明，不同的岛屿上生活着不同种类的雀，一如副总督口中的巨龟的情况。向来一丝不苟的达尔文一时疏忽，并没有准确标记自己收集的鸟类标本，幸好他的仆人西姆斯·卡温顿（Syms Covington）没有那么马虎。结合卡温顿和小猎犬号船长罗伯特·菲茨罗伊（Robert Fitzroy）收集到的标本，达尔文才重建了他发现雀类的地点。真相揭晓：每个岛屿都有各自独立的物种。古尔德于 1837 年 1 月 10 日公布了他的鉴定结果。同年 3 月，达尔文在笔记本上写下了这句将永远改变生物学进程的话："一个物种的确会转变成另一个物种。"

但是，物种是怎样转变的呢？达尔文的论证如下。最初的个体交配，产生后代并日渐繁荣，而它们的后代逐渐分散到各个岛屿上。由于繁殖并不是精确地复制，这样种群在每个岛屿会分化出不同的特征。举例来说，一些雀类的喙较厚，另一些则较薄。若某个特定岛屿上的种子很难被敲开，拥有厚喙的雀类就有生存优势，因此会繁殖更多的后代。最终，经过数代演化，整个岛屿的雀类种群都会拥有厚喙。换句话说，自然界并非一视同仁，而是有所选择。正如达尔文所言，物种演化是一个自然选择的过程。

同年 7 月，达尔文在小猎犬号之旅大约过去 8 个月后，拿起他的笔记本，写下"我认为"，并在下面画了一幅生命之树的草图。他从一根树干——代表最初的生物——开始，画下一个个分支，分支紧接着再分支，每一个新的分支都代表着一个新物种。这是一幅简单的绘图，但有着深刻的含义。地球上的生物种类从单一走向多元。对于图中任意两种生物，你都能找到一个共同的祖先。地球上的生命拥有共同的祖先。

一切尽在基因中

这是一个相当刺激的想法，值得你花些时间去消化它。这个星球上每个生物之间都存在联系。你不仅跟你的三姑六婆有着亲戚关系，你还是比目鱼的远亲，也是变形虫的亲戚。我们在黑烟囱中发现的奇异生物与我们同属一棵生命之树。埃迪卡拉生物群（Ediacarans）[1] 中的那些奇怪的化石也是同样的道理。

达尔文基于自然选择的演化论的核心，当然就是遗传的概念：即亲代的性状可以遗传给子代。在达尔文的时代，人们尚不清楚繁殖的机制；而今我们已经了解，地球上所有生物体内的每个细胞都携带着自己的模板，这种模板编码成长碳链分

---

1. 埃迪卡拉生物群是已知最早的复杂生命形式，在距今约 5.75 亿年前统治地球。这类生物没有眼睛、嘴巴和四肢。下文中会有更多介绍。

子，被称为脱氧核糖核酸（DNA）。简而言之，你之所以跟你的父母长得像，是因为你继承了他们的 DNA。

　　更准确的说法是，你继承了绝大部分 DNA。DNA 的复制系统并不完美，这一点至关重要。正是这种不完美导致达尔文所说的"变异"：子代出现新的性状，而这种性状在亲代中不存在。大多数时候，新的性状无关紧要。有时候新性状是有害的，会使得产生后代的可能性降低，这意味着新性状的消失。而在某些罕见的情况下，新性状能带来生存优势，会增加后代存活的概率，就如蠢朋克乐队（Daft Punk）[1] 唱的那样，"走运"（Get Lucky）。

　　性状由被称为"基因"[2] 的 DNA 片段编码而来。对于任何性状——例如雀类鸟喙的厚度——人们都有可能确定控制它的基因。事实上，正如英国生物学家 W. D. 汉密尔顿（W. D. Hamilton）所言，对生存斗争的最佳理解，在于基因层面，而不是生物体或者物种之间。简而言之，基因是在为自己而战。[3] 对你的基因来说，最重要的是尽可能复制自己，我们这些宿主生物只是它们达到目的的手段。

---

1. 法国电音乐队，于 2021 年 2 月解散。——编者注
2. "基因"一词有时也有另外的含义，意思是"编码某种蛋白质的 DNA 片段"。
3. 汉密尔顿的工作由于理查德·道金斯（Richard Dawkins）大力推广而被世人熟知，道金斯将其简练地概括为"自私的基因"。

我是 Mac，Zarg 是 PC[1]

所以答案已经揭晓，演化是破解我们已知的生命之谜的钥匙，它还能用来解释两个非同寻常且看似不相关的事实。第一，我们发掘的化石越古老，我们所找到的生命形式就越原始。从来没有人在同一个岩层中同时发现乳齿象和三叶虫的化石，当然我们也不希望这样。新物种的形成——原有的单一物种在自然选择下形成两个物种的过程——是不可逆的，并且物种的总数量[2]，包括现存的以及已灭绝的，都只会随着时间流逝而增加。

第二，演化还能解释已知生命不同物种分支间惊人的相似性。用计算机来打比方，我们发现的所有生命都是 Mac，没有 PC。地球上的所有生物都由一个或多个细胞组成，依赖水作为溶剂，把自身模板存储在 DNA 中，并通过消耗碳水化合物来释放能量。每种蛋白质分子都由同样的 20 种氨基酸[3]组成，每个 DNA 分子都由四种核碱基[4]编码而成。在更深的层面上，你可以这样认为，我们已知的所有生命都是碳基生命，因为几

---

1. Zarg 是美国科幻电视连续剧《巴比伦 5 号》(Babylon 5) 中的角色，是一种外星怪物。——编者注
2. 据联合国环境规划署 (United Nations Environment Programme) 2011 年估计，物种总数约为 870 万，误差约为 130 万。
3. 顾名思义，氨基酸是含有氨基和羧基的有机化合物。
4. 常见的核碱基由一个或两个碳环构成，碳环上会嵌入多个氮原子。DNA 的四种碱基分别是鸟嘌呤、腺嘌呤、胸腺嘧啶和胞嘧啶。

乎每一种你能想到的拥有生物或生物化学功能的分子，都是碳的化合物。

那么，对于我们寻找外星智慧生命，这意味着什么呢？加拉帕戈斯给予的，加拉帕戈斯也收回了。一方面，加拉帕戈斯海底的黑烟囱向我们展示了生命在任何环境下都能蓬勃发展；但另一方面，我们从加拉帕戈斯群岛上的雀类可知，地球上的生物同属一类。所以，我们到底是不是孤独的？如果我们已知的生命是巨大的侥幸，只是亿万分之一的随机事件，而且无法重现呢？但有一件事情是肯定的：如果我们在地球上发现了第二棵生命之树，我们会更加确信，生命在星系中普遍存在。然而目前我们还没有任何发现。或者，其实一直都有？接下来我们谈谈荒漠漆（desert varnish）吧。

影子中的生命

德国博物学家和探险家先驱亚历山大·冯·洪堡（Alexander von Humboldt）是研究荒漠漆的开山鼻祖。1799 年，在他开创性的南美探险期间，他注意到委内瑞拉东北部奥里诺科河（Orinoco River）河口附近的花岗岩巨石上蒙了一层奇特的金属层，令它们看起来"光滑、黝黑，仿佛涂了一层石墨（plumbago）"。[1] 洪

---

1. 洪堡用词为"plumbago"，指"石墨"（graphite）。

堡很好奇，便请当时著名化学家约恩斯·雅各布·贝尔塞柳斯（Jöns Jacob Berzelius）[1] 对这种涂层进行分析。贝尔塞柳斯告诉洪堡，涂层由锰和铁的氧化物构成。这令人费解，因为花岗岩通常只含有少量的锰和铁。[2] 这些金属是从何而来的呢？大概是来自奥里诺科河河水，但是它们为什么能够附着在岩石上呢？

查尔斯·达尔文也在他的《小猎犬号航海记》中记述了他所遇见的一种神秘的岩石涂层。这种岩石涂层位于巴西沿岸沙滩的潮汐线以下，颜色为"浓棕色"。达尔文对洪堡颇有好感，他登上小猎犬号时，随身所携带的珍贵物品之一就是他的英雄洪堡本人记录南美之行的《自述》[3]（Personal Narrative）的七卷译本。达尔文知道洪堡所看到的涂层颜色更暗，因此他想知道巴西海滩上的涂层之所以更红，是否因为其中含有更多的铁和更少的锰。看着这些涂层"在阳光下闪闪发亮"，达尔文同样也在思考这些涂层的成因，他指出："这些金属氧化物涂层仿佛粘在岩石上，至于它们的形成原因……还是一个未解之谜。"

洪堡和达尔文都在南美洲的热带气候中发现了这种涂层，然而，从荒漠漆的名称我们不难看出，它也经常出现在干旱的

1. 因使用字母符号表示化学元素而闻名。
2. 以质量分数计，通常花岗岩中氧化铁占 1.68%，氧化锰占 0.05%。
3. 全名为《1799—1804 年新大陆赤道地区旅行自述》（Personal Narrative of Travels to the Equinoctial Regions of America During the Years 1799–1804）。

环境中。美国西南部科罗拉多高原（Colorado Plateau）的砂岩荒漠就是典型的例子。在那里的岩石上，闪闪发光的黑色氧化层提供了一层便利的表面，原住民在上面制造划痕，进行艺术创作。在峡谷内，大片的荒漠漆特别引人注目，有时覆盖整面岩壁，或交替形成黑色、红色和棕褐色的垂直条纹。

自洪堡时代以来，我们对荒漠漆的认识有所增加，但不多。正如达尔文所怀疑的那样，荒漠漆的颜色偏红还是偏黑取决于铁和锰的氧化物的相对含量，当两者相对含量相近时，荒漠漆呈棕褐色。我们发现，荒漠漆中也含有二氧化硅，以黏土的形式存在，而且它更容易在间歇性潮湿且阳光充足的岩石和峭壁上生长，水分的快速蒸发似乎有助于荒漠漆的生长。我们知道，荒漠漆的积累速度很慢，每千年的生长量还不及人类一根头发丝的直径。我们还了解到，它含有微生物——这同时也是引起争议的地方。

例如，英国白金汉大学天体生物学中心（Buckingham Centre for Astrobiology）荣誉研究员巴里·迪格雷戈里奥（Barry DiGregorio）认为，这些微生物是一种能进行光合作用的固锰细菌，至于荒漠漆，则类似于布罗克在黄石公园温泉中所发现的水华，是微生物垫的一种。[1] 而帝国理工学院地球科学系研究员兰德尔·佩里（Randall Perry）则认为，荒漠漆中的黏土

---

1. 目前认为，在光合作用的进化过程中，固锰细菌是一个至关重要的进化停顿点；事实上，锰是现在所有植物的叶绿素的组成成分。

才是重中之重。他认为，黏土与水反应形成凝胶，然后吸收包括游离微生物在内的各种其他物质，并催化一些非常有趣的化学反应，使金属氧化物沉淀。当这种凝胶在阳光下变干后，它就变硬成为一种荒漠漆。[1]

究竟谁对？美国国家航空航天局天体生物学研究所成员、科罗拉多大学博尔德分校哲学家卡萝尔·克莱兰（Carol Cleland）认为，可能他们都不对。她着迷的是，我们并不知道荒漠漆究竟是化学物质还是生物。正如她所指出的那样，很难看出岩石是如何仅在化学作用下就被一层金属覆盖了；但另一方面，我们在发掘荒漠漆时 —— 如果你把刮掉 1/100 毫米的厚度也看作是发掘的话 —— 并没有找到很多细胞，仅仅是一些碎片。她的疑问是，荒漠漆有没有可能完全是另一种类型的生命？

乍一看，这似乎有点信口开河，但她有她的道理。毕竟，嗜极微生物已经存在了数十亿年，但在布罗克以前，没有人注意到它们；当我们意识到嗜极微生物的存在后，它们就如雨后春笋般在我们眼前出现了。2005 年，克莱兰提出了"影子生物圈"（shadow biosphere）的理论，这是一个与我们的生物圈平行的微生物生态系统。对此，我们还需要做进一步确认。正如她正确地指出的那样，我们所有的检测都默认只有一种生命

―――――――――――――

1. 这里的凝胶是硅酸，反应可表示为黏土＋水→硅酸，用化学式表示为 $SiO_2 + 2H_2O \rightarrow H_4SiO_4$。

类型：跟我们一样的生命。会不会存在某种与我们的 DNA 编码不同，或构建蛋白质的氨基酸不同的物质呢？又或者，它根本就没有 DNA 或蛋白质？甚至没有细胞？甚至于，它根本就不是碳基生物？我们该如何认识它呢？

克莱兰认为，我们应该积极寻找超出我们传统认知范围的生命，荒漠漆是一个好的开始。另一种是锰结核，这种奇怪的金属巨砾遍布我们的大洋底，总会让我想起电影《异形》（*Alien*）中放置异形卵的巢穴。同样，锰结核也被认为是化学作用而不是生物学作用的结果，但我们怎么确定呢？一旦我们摆脱一些先入为主的观念，也许就会发现生命无处不在，例如，在黄石国家公园的温泉里。

当然，问题就来了：如果我们真的在地球上找到第二种生命起源，我们要怎么称呼它们呢？鉴于这是来自地球的生命，"外星人"（alien）的称谓似乎就不妥了。宇宙学家保罗·戴维斯（Paul Davies）建议抛弃"外星人"一词，转而采用"异生命"（weird life）来描述那些与我们传统认知起源不同的生命。他甚至提出一个"地球使命"计划（mission to Earth）来寻找类似的生命。这样一来，我们该如何称呼那些在合成生物学领域涌现的各式生命呢？它们也算是异生命吗，还是说仅仅是看上去奇异罢了？

后院寻宝

无论你如何看待以上内容，有一件事是肯定的：发现嗜极微生物让我们意识到，我们的太阳系中可能会充满生命。在木星卫星木卫二的平原上，可能不会有成群结队的角马，但在木卫二冰层之下，我们现在所知的巨大的海洋中可能会有大量微生物。同样，木星最大的伽利略卫星木卫三，现在也被确认在冰层之间隐藏着咸水海洋。基于目前我们对生命的了解，奇异的环境同样符合生命的胃口，那么其深处到底潜藏着什么呢？

还记得土卫二吗？那颗在旅行者号看来似乎布满固态冰的土星卫星。2005 年 7 月，美国国家航空航天局的卡西尼号（Cassini）飞船飞掠土卫二。令所有人意外的是，土卫二并不是一个寒冷、死寂的世界，而有着极为剧烈的活动。土卫二的南极是一个巨大的火山热点，大量的冰颗粒和水蒸气从中喷涌而出，直达上方数百英里[1]的宇宙空间。事实上，这如同消防水带般的物质管道，源源不断地为土星巨大的外环提供物质。到 2014 年，卡西尼号的进一步测量证实了许多人的猜测：土卫二南极的浮冰下有一个巨大的过热海洋。[2]

根据 20 世纪 70 年代海盗号火星着陆器的探测结果，尽管火星似乎毫无生气可言，但已有间接证据表明，火星过去曾是

---

1. 英制长度单位，1 英里≈1.61 千米。——编者注
2. 2013 年，有报告称在木卫二上发现水羽流。现在看来，这似乎是由某种反常事件引起的，例如陨石撞击。

微生物生命的家园，现在可能依然如此。得益于近期开展的一些探测任务，例如火星勘测轨道飞行器（Mars Reconnaissance Orbiter，MRO），我们得知，这颗红色行星直到20亿年前仍然拥有大量液态水。这表示当时的火星和同时期的地球一样，曾经存在适合我们传统认知范围内的生命的生存环境。甚至有观点认为，我们的生命首先是在火星上出现，随后才通过陨石到达地球。2015年，美国国家航空航天局的好奇号（Curiosity）火星车甚至发现了硝酸盐，这是对许多生命形式来说至关重要的化合物，MRO甚至还发现了流动水的证据。

最后，辉煌的土卫六也很重要。同样的，土卫六也没有让我们一见钟情，但我们对它的兴趣日益增长。你应该还记得，旅行者1号对土卫六的观测表明，这颗卫星布满了橙色的甲烷雾，于是科学家决定不让旅行者2号跟随1号的脚步，而是让其研究一些更有意义的事情。但很多科学家并不甘心。正如地球的温度范围正好位于水的三相点附近——具体地说，在一个大气压下，水在这个温度范围内可呈固、液、气三种状态。旅行者1号的探测结果已经证实了我们自20世纪中期一直以来的猜测：土卫六大气中富含甲烷，而且土卫六的环境位于甲烷的三相点附近。[1]当美国国家航空航天局的卡西尼号飞船飞向土星时，它还携带了一个名为"惠更斯"（Huygens）的探测

---

1. 土卫六的表面温度为94开尔文，大气中甲烷的分压为117毫巴，该压力下甲烷的三相点温度为90.7开尔文。

器，由欧洲航天局斥资建造。[1]

如果我们要寻找异生命，根据惠更斯探测器传回的照片可以判断，土卫六就是候选地之一。火星陨石如此频繁地降落到地球上，而且火星的早期环境又和地球如此相似，如果我们能发现火星生命，那么它们很可能与我们同源，至少具有相似的生物化学过程。这还没有考虑海盗号着陆器没有彻底消毒的问题，很可能地球的微生物已经污染了火星土壤。但土卫六完完全全是另一个世界。这是一颗大卫星，有浓厚的大气层，有甲烷云、甲烷湖、甲烷冰，甚至可能还有甲烷雪。不知道这颗星球上有没有潜伏着甲烷雪人呢？

我应该说，是微生物甲烷雪人。虽然太阳系似乎不是我们想象中死气沉沉的样子，但除了简单的单细胞生命之外，没有人期望能发现任何东西。但这本身就足以令人兴奋——想象一下，我们可以从一种奇异的微生物中学到什么——而且它的含义会更令人兴奋。这意味着生物学与化学一样具有普遍性。哪里有生物学，哪里就有演化；哪里有演化，哪里就有复杂的智慧生命。

1.　荷兰天文学家克里斯蒂安·惠更斯（Christiaan Huygens）在 1655 年发现了土卫六。

第二章

SETI

本章中，作者向我们介绍了科学家搜寻外星射电信号的 SETI 计划和著名的德雷克方程，并调查了怪异的 UFO 现象。

那是 1967 年夏天，乔斯琳·贝尔·伯内尔（Jocelyn Bell Burnell）[1] 最疯狂的梦想就要实现了。作为著名天文学家安东尼·休伊什（Antony Hewish）的研究生，她在过去两年中为位于剑桥郊外的玛拉德射电天文台（Mullard Radio Astronomy Observatory）建造了一座全新的射电望远镜。现在，这台机器已经准备好去探索新天地，而乔斯琳·贝尔是这座仪器唯一的知己。

射电望远镜利用遥远恒星或星系发出的射电波来对它们进行成像。普通的射电望远镜也不同于英国海军将领纳尔逊（Admiral Nelson）举到他那只盲眼前的那种望远镜。[2] 实际上，

---

1. 当时叫乔斯琳·贝尔。

2. 纳尔逊（1758—1805），英国著名海军将领。作者提及的是纳尔逊在 1801 年哥本哈根战役中的关键决策。当时，他认为上级的撤退号令是对战局的错误判断，故拿起望远镜举到盲眼前，说他没有看到撤退旗号。习语 "turn a blind eye" 来源于此。——编者注

贝尔·伯内尔掌管的这座望远镜几乎有两个橄榄球场大，上面布满了电视天线。

那是 20 世纪 60 年代中期，贝尔·伯内尔的望远镜的输出端并不是用氟利昂冷却的超级计算机硬盘，而是四台三笔图表记录仪。仪器每天产生的图纸记录长达 96 英尺，每天早晨都要补充墨水和图表纸。在观察了几个星期后，贝尔·伯内尔注意到一些非常奇怪的事。

她使用的望远镜是专门用于调查一种新发现的被称为类星体的射电源。类星体是处于早期阶段的星系，当其中心超大质量的黑洞吞噬极高温的气体和尘埃时，就会向外辐射大量射电波。贝尔·伯内尔很快就挑选出疑似类星体的目标，并过滤了来自地球的射电噪音，例如，从附近 A603 公路经过的摩托车的火花塞点火所产生的电磁干扰信号。但她无法解释另一种类型的信号：这种信号由图表笔快速振动而产生，被她称为"刮痕"。这种信号约1/4英寸[1]，在图纸上大约每 3 000 英尺就突然出现一次。

很快贝尔·伯内尔就发现，这个"刮痕"一定来自天空中的同一个角落。实际上，该"刮痕"和遥远的恒星同步，表示它来自太阳系以外。为了观察"刮痕"的更多细节，当望远镜在扫描"刮痕"所对应的天区时，贝尔·伯内尔就调快图表纸的记录速度。结果令人意外。"刮痕"原来是一个信

---

1. 英制长度单位，1 英寸 = 2.54 厘米。——编者注

号。图表纸上出现的是一个常规脉冲信号,脉冲间精确间隔1⅓秒。

贝尔·伯内尔感到困惑。这究竟是地外的什么信号?恒星和星系能发光,但并不发射脉冲信号。脉冲信号意味着生命。于是,她有了一个大胆的想法:这会不会是地外文明发出的信息呢?

飞 碟

我们将在本章末尾继续讲述乔斯琳·贝尔·伯内尔与她神秘的射电脉冲的故事。她教科书式的侦查以及展现出来的科学精神,与接下来要说的娱乐式的疯狂 UFO 故事相比,简直是高下立判。

大概有人已经觉得被冒犯了。你拿起这本书,希望能够看到关于 UFO 的内容,但现在却觉得被欺骗了。或许你见过 UFO——这是不明飞行物(Unidentified Flying Object)的英文缩写 ——或许你知道有人曾经看到过它们。我认为有必要一开始就说清楚:我的心态是开放的。在我看来,这也是科学的本质。这也意味着,不论你多希望一个理论是真的,除非有高质量的证据支持,否则不应该贸然接受。UFO 的故事很有趣,我和大家一样也乐在其中。不过,我不认为这些故事和真实的地外生命有什么联系。

话虽如此，我还是觉得 UFO 现象的简史值得说说，因为这是讨论真正的外星生命科学的大背景。很多人宣称目击过 UFO，或者声称与 UFO 接触并被 UFO 绑架过。这究竟是怎么一回事，又是从何时开始出现的呢？

UFO 是美国空军在 20 世纪 40 年代发明的术语，用于描述天空中出现的一些不能用已知飞行器或自然现象解释的一切事物。19 世纪末开始有目击者报告发现外星飞船，随后在 20 世纪上半叶则有人声称目击了外星火箭。不过，这种现象是伴随着外星人的经典设计产品 —— 飞碟的出现，才真正流行起来的。

飞碟首次现身是在什么时候呢？万万没有想到，这个问题有准确答案：1947 年 6 月 24 日，星期二。这一天，业余飞行员肯尼思·阿诺德（Kenneth Arnold）进行了一次终生难忘的商业飞行。

一飞冲天 [1]

那天下午两点钟，32 岁的阿诺德驾驶一架三座单引擎 Callair 型飞机，从华盛顿州奇黑利斯（Chehalis）起飞，前往正东方向约 120 英里的亚基马（Yakima），途中他将经过位

---

1. 标题原文为 "Up Up and Away"，这是美国乐队第五维度（The 5th Dimension）1967 年的金曲，曾获格莱美奖。——编者注

于喀斯喀特山脉（Cascade Mountains）的雷尼尔山（Mount Rainier）。一架军用飞机在前一年冬天曾在山上坠毁，32名海军陆战队队员在事故中丧生。但由于积雪，一直没能发现飞机的残骸。在一个美好晴朗的日子，随着积雪消退——还有悬赏5 000美元的激励——阿诺德决定去看看。

当阿诺德结束了在雷尼尔山山脚下一处峡谷的搜寻时，他看见一道明亮的蓝色闪光。他脑中闪过一个念头，觉得这一定是附近飞机的反射光。由于担心发生碰撞，他立刻扫视周围的天空，但并没有发现任何飞行器。接下来蓝色闪光再次出现，照亮了他的驾驶舱。他形容就像是"电焊弧光"，并且在远处"我的左侧有一串物体，看起来就像是一只中国风筝的尾巴，在以惊人的速度穿过雷尼尔山"。

每个飞行器中央都有一道明亮的蓝光。据他事后回忆，蓝光的闪烁方式让他联想到人类的脉搏。起初他以为它们是某种军用飞机，因为飞行器呈对角线阵型排列并且高速前进。在阿诺德看来，最不可思议的是，这些飞行器没有机尾。飞行器通体呈银色，看上去"像被切成两半的馅饼盘，后部有一块三角形凸起物"。这对阿诺德来说可谓是闻所未闻，他认为飞行器的尾巴应该是用伪装材料遮蔽起来了，"当时没有想太多"。

阿诺德是一名优秀的飞行员，他瞥了一眼手表的秒针，计算了这个飞行舰队从雷尼尔山到亚当斯山（Mount Adams）所用的时间，结果是 1 分 42 秒。这引起了他的注意。这两座山峰相距约 50 英里，据此计算，舰队的速度高达 25 英里 / 分钟，相当于 1 500 英里 / 时。那真是挺快的。当时的飞行速度纪录大约是 620 英里 / 时，还不到这个数值的一半。他发现一共有九架飞行器，并判断它们的最近距离是 23 英里，而它们的翼展至少有 100 英尺。

在亚基马着陆后，阿诺德立即赶到朋友阿尔·巴克斯特（Al Baxter）的办公室。阿尔·巴克斯特是一家名为中央飞行器（Central Aircraft）的农药喷洒公司的总经理。听了阿诺德的叙述，巴克斯特叫来两位飞行员和一位直升机驾驶员，征求他们的看法。他们能给出的最佳解释是，阿诺德目击了在摩西湖（Moses Lake）附近空军基地试射的导弹。

但当地一家报纸想利用这个故事搞个大新闻。所谓的奇怪飞行器真的是军用飞机吗？会不会是另有乾坤？于是，第二天《东俄勒冈人日报》（East Oregonian）上出现了一篇简短的专栏，错误地陈述阿诺德目击了一架"飞碟状飞行器"。报社编辑比尔·贝凯特（Bill Bequette）决定将该新闻发给美国联合通讯社（The Associated Press），看美军是否会出面澄清此事。在电报中，贝凯特描述阿诺德看到"九个明亮的飞碟状物体以'不可思议'的速度迅速掠过天空……"。"这似乎是不可能的，"阿诺德说道，"但事实就是这样。"

当贝凯特午饭后回到办公室时，桌上的电话正响个不停。

怪象迭出

　　阿诺德的故事引发了媒体的狂热，并掀起了所谓的"1947年 UFO 目击风波"。在这些目击事件中，大部分是高速飞行的碟状金属飞行器，其他的则是火箭、气球状飞行器或会发光的球状物。在阿诺德事件发生三天后，一位名为威廉·布雷泽尔（William Brazel）的农场主在位于新墨西哥州罗斯韦尔（Roswell）郊外的自家农场中发现了一些奇怪的残骸。他给当地空军基地打电话称，他发现了飞碟。基地的公关人员将信息透露给了媒体，于是，美国政府找到一架坠毁的飞碟的消息传播开来。随后目击事件越来越多，到 1947 年 7 月底，美国共有 45 次 UFO 目击事件，其中 17 次是飞碟。[1]

　　在 20 世纪 40 年代的飞碟目击事件之后，UFO 现象在 50 年代上升了一个等级，出现了所谓的"接触者"。这些人声称与外星人有过交流。乔治·亚当斯基（George Adamski）就是一个著名的例子。他声称，一艘由半透明的金属制成的外星飞船在科罗拉多沙漠（Colorado Desert）紧挨着他着陆，一位名

1.　不得不说，检索 UFO 的相关数据是我一直没有想到的最让我头疼而且无果的活动之一。我只能说，编纂维基百科的人要留心了。我在互联网上看到的一份报告称，光是 1945 年 7 月就有 850 次目击，按照我的推断，如果这个数字有真实意义而非凭空捏造，所谓的 850 次应该更接近媒体报道的次数而非真正的目击次数。我在这里引用的数字来自美国空军的"信号计划"（Project Sign），以及后来的"怨恨计划"（Project Grudge）和其后的"蓝皮书计划"（Project Blue Book）的解密文件。

为奥森（Orthon）的金发金星人曾通过心灵感应警告他核战争的危险性。

20 世纪 60 年代，出现了第一批外星人绑架事件。1961年，贝蒂·希尔（Betty Hill）和巴尼·希尔（Barney Hill）在夜间驾车途经新罕布什尔州怀特山国家公园（White Mountain National Park）时遭遇 UFO。这次事件给两人都留下了后遗症。两年后，他们在催眠状态下回忆说，他们被一些皮肤为灰色的外星人绑架了，这些外星人有巨大的黑色眼睛。这些小灰人检查了他们的生殖器，还对巴尼的假牙表现出了浓厚兴趣。

麦田怪圈现象在 20 世纪 70 年代开始流行，并在 20 世纪 80 年代末达到顶峰。1991 年，两名英国人道格·鲍尔（Doug Bower）和戴夫·乔利（Dave Chorley）表示对这一恶作剧负责。他们的灵感来自 1966 年塔利市（Tully）的"飞碟巢"事件，当时澳大利亚昆士兰州塔利市的一位农民报告称，他看到一艘碟状的飞船从沼泽中升起并飞走了，留下了一片平坦的圆形草地。

简言之，这就是 UFO 现象。1947 年，肯尼思·阿诺德首次声称目睹了飞碟，随后目击事件在美国各地此起彼伏。第一批外星人接触者出现在 20 世纪 50 年代。紧接着，60 年代还出现了第一批被绑架者。20 世纪七八十年代，麦田怪圈来来去去，但后来被证明是一个骗局。如今仍时有与 UFO 相关的报告，主要是绑架事件。明显，事出有因。但具体到底是什么呢？真的是外星人来拜访地球了吗？

外星人在路上

这是一笔科学账，结论也非常明确：完全有可能。平心而论，星系中恒星间的距离颇为遥远，这使得星际旅行成了不小的挑战。比邻星（Proxima Centauri）是距离我们最近的恒星，仅 4.24 光年之遥。这是一颗红矮星，我们还不太确定它是否有行星。在上一章开头我们了解到，旅行者 1 号探测器是人类目前发射的最远的宇宙飞船，它经过了 25 年的宇宙航行抵达太阳系边缘，如果换算成光年，这个数字仅为 0.002。[1] 但谁知道某个长期存在的智慧生命能创造出什么先进科技呢？也许就有动力加强的外星飞船以某种接近光速的可观速度飞行呢？或者，也许可以利用恒星的能量创造一个爱因斯坦–罗森桥（Einstein-Rosen bridge），即我们常说的虫洞，构建连接两个遥远空间区域的捷径呢？

好吧，虫洞推动着它。不过基础的计算显示，只要外星人愿意，他们也能够通过并不是特别快的宇宙飞船快速殖民整个银河系。实际上，天文学家保罗·戴维斯已计算出，如果一个

---

1. 如果你有兴趣了解，旅行者 1 号正朝着一颗名为 AC + 79 3888 的恒星前进，该恒星位于北天球的鹿豹座天区，预计需要花上 4 万年才能到达。没办法，坐经济舱就是要花那么多时间。

外星文明的飞船的速度能达到（仅达到！）光速的 1/10，就能在 400 万年内穿越整个银河系。[1] 除非地球或者我们自身拥有什么独一无二的特质，否则银河系内应该遍布比我们更古老、技术更先进的文明。这样的话，他们当中一定有人已经拜访过我们了吧？

费米悖论

相关推理中，最著名的要数意大利著名物理学家恩里科·费米（Enrico Fermi）的阐述，即"费米悖论"（Fermi Paradox）。费米是物理学家中的佼佼者，既精通理论物理又精通实验物理。1938 年，费米获得诺贝尔奖。借着前往斯德哥尔摩出席颁奖典礼的契机，他逃离了墨索里尼（Mussolini）统治的法西斯意大利，与犹太裔妻子劳拉（Laura）移居美国。[2]

实际上，正如他因对曼哈顿计划的贡献和获得诺贝尔奖而著名一样，费米也因他的估算能力而闻名于世。这和搜寻外星生命有什么联系呢？ 1950 年，费米来到洛斯阿拉莫斯（Los

---

1. 他在计算时假定，每个殖民星球需要 1 000 年的发展时间，同时宜居星球间的平均距离为 10 光年。

2. 墨索里尼对费米的出逃必定十分恼怒。不夸张地说，费米改变了第二次世界大战的进程。作为曼哈顿计划（Manhattan Project）的关键人物，费米与罗伯特·奥本海默（Robert Oppenheimer）以及爱德华·特勒（Edward Teller）一同研制了先后投放在广岛和长崎的原子弹"小男孩"（Little Boy）和"胖子"（Fat Man），加速了战争结束的步伐。

Alamos）参观，特勒正在那里研究原子弹的继任者——氢弹。那年夏天，纽约街头出现了一个奇怪的现象：公共垃圾桶大量丢失。而就在同年夏天，出现了许多 UFO 目击事件。在去吃午餐的路上，费米的一位同事跟他聊起自己在《纽约客》（New Yorker）上看到的一则漫画，描绘的是一架飞碟正在自己的母星上卸载纽约的垃圾桶。

费米开玩笑说，这则漫画是一个相当合理的科学假设，因为它解释了两个看似毫无关联的现象。特勒回忆说，随后他们进行了一场严肃的讨论，主题就是飞碟是否真实存在，不过大家都不觉得这是真事。然后，费米询问了超光速旅行的可能性。在未来 10 年内，人们找到固体物质以超光速运动的实质证据的可能性有多少？特勒认为概率只有 $1/10^6$，费米则乐观许多，认为这个机会是 1/10。

一行人进入富勒小屋（Fuller Lodge）的餐厅用午餐，边吃边闲聊，聊些只有研究人类史上威力最大的武器的物理学家才会闲谈的话题。当大家吃到一半时，费米意外地来了一句："大家都在哪里？"

同伴们很快意识到费米说的是外星生命，大家都笑了。科学家赫伯特·约克（Herbert York）当时也在场，他后来回忆道：

> 随后费米做了一番估算，包括类地行星出现的概率，地球上出现生命的概率，生命演化出人类的概率，高科技

出现的可能性以及持续的时间，等等。基于这些估算，他总结道，外星人一定在很久以前就拜访过我们，而且拜访了多次。我还记得，他进一步推断我们如今之所以没有遇到外星人，有可能是星际航行无法实现，或者说即便可行，也被认为是一种得不偿失的行为，又或者，技术文明的持续时间还不足以发展出星际航行技术。

换句话说，经过一番计算，费米得出的结论是，智慧外星文明必定存在，但由于这样或那样的原因，他们原地不动。那么，如果他们没有来拜访我们，我们要怎样去找他们呢？答案是：射电波。

开窗迎客

至少，一篇论文给出了这样的结论。这篇于 1959 年 9 月 19 日刊登在《自然》（*Nature*）杂志上的论文，题目是《寻找星际信息》（"Searching for Interstellar Communications"），作者是康奈尔大学的朱塞佩·科科尼（Giuseppe Cocconi）和菲利普·莫里森（Philip Morrison）。[1] 他们在文章中指出，某个

---

1. 朱塞佩·科科尼后来成了欧洲核子研究中心（CERN）的领导人之一，菲利普·莫里森则因为著名科普短片《十的次方》（*Powers of Ten*）做解说而被世人熟知。

特定波段的射电波在地球上几乎不受干扰，即内行人所说的微波窗口。受星际气体和星际尘埃吸收和发射的影响，频率低于该窗口的射电波会产生很多干扰信号，而频率高于窗口的射电波则会受到地球大气吸收和发射的干扰。他们得出结论，如果外星人要联系我们，就需要通过这一特定窗口向我们发送射电波。

德雷克方程

弗兰克·德雷克（Frank Drake）颇为焦虑。那是 1961 年 11月，再过几天他就要主持搜寻地外文明计划（Search for Extra-Terrestrial Intelligence，SETI）第一次研讨会。他心中的偶像、俄裔天体物理学家奥托·斯特鲁韦（Otto Struve）也会出席。20世纪 50 年代早期，当德雷克在康奈尔大学拿着海军奖学金学习电子学时，他参加了一次斯特鲁韦的讲座，并被他的观点深深吸引。斯特鲁韦认为，至少半数的恒星拥有行星。想象一下，如全宇宙一半的恒星拥有行星，那会有数不清的外星人家园。

当德雷克还没注意到科科尼和莫里森的论文时，他就对微波窗口及其在外星通讯方面的适用性得出了相同的结论。1960 年 4 月，他把位于西弗吉尼亚州绿岸的国家射电天文台（National Radio Astronomy Observatory）新建的 85 英尺口径射电望远镜大胆地对准了两颗距离我们最近的类太阳恒星——

鲸鱼座 τ（天仓五）和波江座 ε（天苑四），以监听信号。如果这两颗恒星有行星，而这些行星又恰好是智慧生命的家园，那么德雷克就能从信号中找到蛛丝马迹。

1960 年春夏两季，德雷克对这两颗恒星一共监听了 150 小时，但一无所获。虽然如此，但这是人类尝试联系地外生命关键的第一步。作为 L. 弗兰克·鲍姆（L. Frank Baum）的粉丝，他将计划命名为奥兹玛（Ozma），这是奥兹国女王的名字。现在其他著名科学家也加入了"黄砖路"（Yellow Brick Road）。[1] 不仅德雷克的偶像奥托·斯特鲁韦成了绿岸的十人研究小组中的一员，以研究海豚交流著称的神经生物学家约翰·C. 利利（John C. Lilly）[2] 也加入其中。研究光合作用的化学家梅尔文·卡尔文（Melvin Calvin）在会议第一晚收到获得诺贝尔奖的消息。菲利普·莫里森也在名单上，他是那篇康奈尔论文的作者之一。还有卡尔·萨根，这位天才般的天文学家同时也是美国国家航空航天局的顾问。

德雷克需要把握会议的节奏，而且需要找到——其实早在 10 年前费米已经给出了基本框架——估算银河系中文明数量 N 的最佳方式，这里的文明指的是我们能与之交流的文明。最后，德雷克得出一个公式，堪称地外文明搜寻史上的里程碑：

---

1. 奥兹玛和黄砖路都出自 L. 弗兰克·鲍姆创作的系列童话《奥兹国历险记》。——编者注
2. 我们会在最后一章进一步介绍这位科学家。

$$N = R^* \times f_\mathrm{p} \times n_\mathrm{e} \times f_\mathrm{l} \times f_\mathrm{i} \times f_\mathrm{c} \times L$$

相信我，这个公式实际上没这么可怕。为了把它分解，让我带你去险峻海峡乐队（Dire Straits）[1]演唱会现场看看。

手足情深

准确地说，我想带你去英国的温布利体育馆（Wembley Arena），体验一回险峻海峡乐队著名的 1985—1986 世界巡回演唱会英国站。当时，他们的最新专辑《手足情深》（*Brothers In Arms*）已是多白金唱片，现场 12 500 个座位座无虚席。演唱会以他们的热门单曲《不劳而获》（"Money for Nothing"）结束，疲惫但又兴奋的歌迷们开始退场。但等一下，乐队又重新回到舞台上，开始了安可（encore）。马克·诺弗勒（Mark Knopfler）奏响了专辑同名主打歌的开头旋律。[2] 正走到走廊和闸门的人们听到音乐再次响起，开始纷纷返回场内。

大家回到观众席，再次填满座位。"迷雾笼罩的山脉（These mist-covered mountains）……"马克吟唱着。观众席上一点一点亮起了火光，那是有人默默地高举起了打火机。这是一个人类灵魂与优美音乐相互交织的时刻。马克调整了他的吸

---

1. 英国乐队，有时也译为恐怖海峡。英文名譬喻窘境。——编者注
2. 这首《手足情深》是反战题材的歌曲，歌词展现了牺牲的士兵的视角。——编者注

汗带，望向眼前深邃的黑暗。这真是一个感人至深的场景。不过，让我们做一回死理性派。他看到了多少只点燃的打火机？

你大概会认为这取决于马克抬头以前唱了多长时间的歌。毫无疑问，随着歌曲的进行，会有更多歌迷返回观众席，也就是说打火机的数量会逐渐累积。如果诺弗勒先生在 1 分钟之后抬头，会比在歌曲最后几个小节时抬头看到的打火机少。但事实未必如此。

这一切取决于打火机能持续亮多长时间。我的意思是，想象一下，如果只有一位歌迷有打火机，在被打火机烫到手指以前，他可以让打火机燃亮 30 秒。平均来看，马克会有机会看到亮光吗？直觉告诉你这可能不行。首先，他可能在这位歌迷进场以前就抬起头了。又或者，他在该歌迷进场之后抬头了，但打火机已经熄灭了。

所以，为了能让马克至少看到一次亮光，需要多少位带着打火机的歌迷在 4 分钟的歌曲时长期间进场呢？这时候数学就派上用场了。为了知道马克看到的点燃的打火机的平均数量，只需将带打火机进场的歌迷的概率乘以他们的打火机燃亮的时长。[1] 举

---

1. 假设只有一位歌迷带了打火机，那么概率自然就是每 4 分钟 1 位（带打火机的）歌迷，或每秒 $1/(4 \times 60)$ 位歌迷。我们还知道，打火机能持续燃烧 30 秒，所以我们可以计算出马克看见点燃的打火机的平均数值是（歌迷出现概率）×（打火机点燃时长）= $1/(4 \times 60) \times 30 = 1/8$，这个数字小于 1，意味着平均而言，马克不会看到任何点燃的打火机。当然了，如果在八场演出中重复出现同样的情景，我们预计马克会在其中一场安可中看到一只点燃的打火机。我不知道马克本人会怎么想。

个例子，我们假设在一首歌的时间内有 8 位带着打火机的歌迷进入体育馆，观众的进场概率就是每秒 8/(4×60)，则任意时刻点燃的打火机的平均数量为：

$$概率 \times 打火机点亮时间 = 8/(4 \times 60) \times 30 = 1$$

有意思吧？换句话说，就算在安可期间有 8 位带了打火机的歌迷进场，当马克抬头时，平均而言，他也只能看到一个点燃的打火机。

不劳而获

好的，现在我们知道背后的原理了，让我们来理解更具体的细节。在一首歌的时间内，对一个能容纳 12 500 人的场地来说，显然远远不止 8 位带着打火机进场的歌迷。如何才能更准确地估算出真实数字呢？

这里我们需要做一些假设。在 4 分钟的安可时间里，所有观众都能悉数返场吗？从我最近观看的比尔·贝利（Bill Bailey）的演出情况来看，我认为答案是肯定的。入口处不可避免地会出现拥堵，但温布利体育馆在这点上做得不错，有宽阔的走廊和清晰的指路标志。事实上，我要大胆地猜测一下，一首 4 分钟的歌曲足以让 1 万名歌迷回到场内，相当于每秒 10 000/(4×60)=42 位。

但是稍等一下，不是所有歌迷都带着打火机。首先，不是所有险峻海峡乐队的歌迷都是烟民；并且，我觉得事实恰恰相反，从乐队本身的属性推断，听众应该大多拥有健康的生活。不过，这可是 1985 年，那时候薄荷醇香烟被认为是健康的选择。我们假设听众中烟民占 50%。当然，也不是所有的烟民都随身携带打火机。为便于说明，我们认为 50% 的烟民带着两只打火机，一只是他们最爱的之宝（Zippo）打火机，另一只是备用打火机。

因此，要估算马克·诺弗勒能看到多少只打火机，我们将歌迷携带的打火机的进场概率乘以打火机的点燃时长即可。或者这么说，定义 R 是听众返回体育场的速率；f_s 是烟民的比例；f_l 是烟民中携带打火机的比例；n_l 是携带着打火机的烟民中，每位所携带的打火机数量；L 是打火机在烫到人手之前的点燃时长，单位为秒。接下来——深呼吸——马克·诺弗勒在安可期间能看到的被点燃的打火机数量是：

$$N = R \times f_s \times f_l \times n_l \times L$$

将相应数字带入公式，我们就能得到：

$$N = 42 \times 50/100 \times 50/100 \times 2 \times 30 = 630$$

因此平均而言，在任意时刻，马克在黑暗的体育馆中能看到自己大约被 630 处闪烁的光亮环绕着。他会知道自己被爱，不再感到孤独。

离我如此遥远 [1]

这些 20 世纪 80 年代摇滚演唱会的点点火光，或多或少就像那些可觉察的外星文明。为了弄清楚一位射电天文学家用望远镜究竟能发现多少个外星文明，我们需要解决两个问题：可探知外星文明出现的概率，以及它们可供探测的时间有多长。

可探知的外星文明出现的概率是多少呢？假设能与我们交流的外星文明和我们有许多相似之处，都居住在一颗绕类太阳恒星运行的岩石行星上。接下来，我们先用 R^* 表示类太阳恒星生成的概率，就像上文中险峻海峡演唱会的例子那样，我们分解来看。

首先来看类地行星的形成概率。假设 R^* 是类太阳恒星的形成概率，f_p 是这些恒星中拥有类地行星的比例，那么母星是类太阳恒星的类地行星形成的概率是：

$$R^* \times f_p$$

这就是最难的计算了。当然，有些类太阳系会有超过一颗类地行星。就像我们太阳系的地球、月球、火星，甚至金星在某种程度上都算是宜居星球。这有点像上文中我们举的例子，在险峻海峡的歌迷中，烟民有多个打火机。如果用 n_e 代表每个类太阳系中的类地行星数量，那么总体算来类地行星形成的

1.　标题原文 So Far Away From Me，取自专辑《手足情深》中歌曲《如此遥远》（"So Far Away"）的歌词。——编者注

概率是：

$$R^* \times f_p \times n_e$$

好的，我相信你已经掌握了诀窍，如果 f_l 是类地行星中支持生命存在的行星比例，那么有生命存在的类地行星形成的概率是：

$$R^* \times f_p \times n_e \times f_l$$

f_i 是有生命存在的行星中诞生智慧生命的比例，那么智慧生命形成的概率是：

$$R^* \times f_p \times n_e \times f_l \times f_i$$

差不多到终点了，我们已经得出银河系中智慧生命出现的概率。现在我们把这个概率乘上 f_c，即拥有无线电通信能力的外星生命的比例——终于——我们得到了可探知的外星文明形成的概率：

$$R^* \times f_p \times n_e \times f_l \times f_i \times f_c$$

很好。现在就像险峻海峡演唱会上的打火机那样，可探知外星文明的数量等于它们出现的概率乘以它们持续的时间。让我们画龙点睛地添加一个参数，即可探知外星文明的持续时间 L。瞧！我们推导出了德雷克公式：

$$N = R^* \times f_p \times n_e \times f_l \times f_i \times f_c \times L$$

很神奇吧？[1]

---

1. 如果有读者阅读过我上一部作品《八堂极简科学课》（*It's Not Rocket Science*），会发现两本书中的德雷克公式略有不同。在那本书中，（转下页）

缩小可能性

回到首届 SETI 会议，德雷克和他的同事判断德雷克公式中每个参数的取值如下：

$R^* = 1$（每年形成一颗类太阳恒星）

$f_p = 0.2 \sim 0.5$（20%～50% 的类太阳恒星拥有行星）

$n_e = 1 \sim 5$（位于该恒星宜居带的行星有 1～5 颗）

$f_l = 1$（这些行星都会诞生生命）

$f_i = 1$（这些诞生生命的行星都会诞生智慧生命）

$f_c = 0.1 \sim 0.2$（10%～20% 的智慧生命能发展出无线电通信技术）

$L = 1\,000 \sim 100\,000\,000$ 年（这些射电信号能持续 1 000 年～1 亿年）

如果我们全部取下限值：

$$N = 1 \times 0.2 \times 1 \times 1 \times 1 \times 0.1 \times 1\,000 = 20$$

也就是说，当我们在任意时刻把射电望远镜指向天空时，银河系中都会有 20 处潜在的外星信号。[1]

现在，我们来取上限值：

$$N = 1 \times 0.5 \times 5 \times 1 \times 1 \times 0.2 \times 100\,000\,000 = 50\,000\,000$$

（接上页）德雷克公式中没有 R^* 和 L，而是用 N^* 代表银河系中的恒星数量，用 fl 代表一颗恒星寿命中可探知文明出现的比例。当然，两个德雷克公式本质上并无不同，因为 $R^* = N^*$/ 恒星寿命，$fl = L$/ 恒星寿命，不信的话，你自己算下。

1. 准确地说，是 10 个，因为我们一次只能看到半个天球。

潜在的信号数量变成了 5 000 万。粗略来看，除了可探知文明的持续时间 L，其余参数的数值都在 1 附近。[1]实际上，德雷克公式可以高度简化为以下形式：

$$N \approx L$$

真的有外星人吗?[2]

公式如诗句。看山是山，看山不是山。表面上看，德雷克公式只是简单地告诉我们如何计算并得出可探知外星文明的数量，但这背后有更为重要的内容。这个公式的真正威力是它迫使我们做出假设。

最深层次的假设是外星人跟我们是一类人。我们先验地认为外星人掌握的科技跟我们类似，居住在类似地球的星球上，还有着相似的社会结构。现在，我丝毫不认为弗兰克·德雷克是想法幼稚，相反，他的公式表达了这样一个观点："我们总得从某个地方开始吧? 那就从这儿开始好了。"如果说德雷克公式提供了什么，那就是它给了我们一个在银河系中找到智慧生命的下限。毕竟没有人说过外星人只能存在于像我们地球这样的富含金属的岩石行星上，他们也可能生活在宇宙深处的尘

1.　实际上，弗兰克·德雷克本人买下了一张车牌，上面的字母是"NEQSL"，发音近似 N equals L（N=L）。

2.　标题原文 Is There Anybody Out There? 是英国乐队 Pink Floyd 1979 年的一首歌曲。——编者注

埃云中。

德雷克公式告诉我们，当我们思考问题的时候——就是我们是否孤独这个问题——我们需要深入地思考生命、智慧、文明和技术的本质。当我们在谈论这些事情的时候，我们究竟在谈论什么？一旦我们做出了假设，我们需要运用哪些数据进行合理的估算？举个例子，如果我们假设生物学和化学一样具有普遍性，我们有关地球上物种演化的知识如何能够帮助我们得出银河系中有多少智慧生命？

如你所见，这些都是最具吸引力的问题，我们需要仔细考虑。为了找到答案，我们需要在科学知识的边缘上求索。关于类地行星的数量，最新的望远镜告诉了我们什么？关于生命本质，以及生命在宇宙中普遍存在的可能性，生物学的最新进展告诉了我们什么？智能是什么，以及我们如何跟与我们截然不同的外星智慧生命交流？我们要跟它们说些什么？我们为什么要跟它们说这些？

远距离关系

那么为什么科学家相信可通过无线电通信联系外星文明，而不是飞碟？简单地说，因为飞碟缺乏证据。鉴于现在每个人都有带摄像功能的手机，如果真的有与外星人接触的事件，一定会出现画面清晰的视频短片，但实际上并没有。更重要的是，我们的博物馆中没有展示过任何外星文物，也没有外星飞船降落在白宫草坪上。我们有的只是目击报告。

这本书的有趣之处在于，当我们研究外星人的时候，我们真正思考了人类是什么。是时候面对一个令我们自身难以接受的事实：当涉及我们周围的世界时，我们这些猿人并不是最可靠的证人。

在孩提时代，我们的想象力非常丰富。我们坚信自己能飞，我们能在衣橱里看到怪物。我们也相信，每年圣诞节，一个胖胖的、满脸胡子的拉脱维亚人会坐在长 15 英尺、由魔法驯鹿拉着的雪橇上，满世界派发礼物。我们看到的是真实世界和幻想世界的混合产物。对小孩来说，愿望使然。

另一方面，作为大人，我们对自己的不偏不倚感到自豪。我们确信，晚上做的疯狂的梦不会影响我们白天的清醒。我们相信我们所看到的世界是真实的，并且认为我们能掌控自己的想象力。按照这个逻辑，当一位原本正直的社会成员——比如一名警察或一名地方法官——声称在半夜看到一个鬼时，他的轶事反而成了某种证据。克里斯是公司总监，克里斯看到一个鬼魂，因此鬼魂存在。但是，我们的头脑真的像我们认为的那样可靠吗？

科学家可不同意这样的说法。实际上你可以这样认为，科学的一大目标就是在观察世界的时候排除所谓的"人为因素"，尝试用客观、自洽且合乎逻辑的方式描述宇宙，并能通过实验加以验证。演化论之所以被认为是正确的，不是因为它是个精彩的故事，也不是因为达尔文稳重的性格，而是它能够在某些化石尚未被发现之前预测它们的存在。所有的科学理论都是建立在可被实验验证的基础上的。无论有多少获得诺贝尔奖的生物学家支持演化论，如果我们在寒武纪沉积岩中发现一块海豚化石，而它的附近是三叶虫化石，那演化论就要推倒重来。

飞碟的故事引人入胜，我也很愿意相信它是真的，然而相关证据的质量太差了。毫无疑问，肯尼思·阿诺德是一位可靠的人，并且不会夸大其词。他深信，他在那个夏天看到的是奇怪的飞行舰队穿越了雷尼尔山的雪线；跟其他人一样，他也对自己的所见所闻困惑不已。作为业余飞行员，他的说法有一定的可靠性。例如，他有能力将一队宇宙飞船从一群大雁或编队飞行的常规飞行器中区分开来。

但看上去很残酷的是，从科学的角度来看，肯尼思·阿诺德的可靠性无关紧要。科学不在乎你是谁，也不在乎你所看到的，科学需要的是证据。你看到一个飞碟？给我看看你智能手机上的视频。一架外星飞船坠毁在新墨西哥州？给我看看飞船的碎片。你被外星人绑架，还遭受了内检？给我看看……这个就算了。

"啊，可是科学家也是人啊。为什么我要相信那些玩弄试管的嬉皮士而不是像肯尼思·阿诺德那样的模范公民？"你说的没错。单纯因为一个名字和他或她的声望就去相信一位科学家，这样的行为相当危险。科学家也会犯其他人犯的错误。他们的想象力一样会蒙蔽他们。为了让自己的理论更好看，他们会挑选数据。他们还会高估自己的天赋和能力。而实验一次又一次地化险为夷。一个科学假说要想站稳脚跟，就需要经过实验的检验，而且是可重复的实验。科学家也会犯错，但每一次他们都会通过实验重新回到正轨上。70年以来，形形色色的外星人目击事件、外星飞船坠毁事件和外星人绑架事件层出不穷，但一直缺少实质性的证据支撑。没有铁证，关于外星人工制品的科学论证就无法成立。

小绿人

　　这让我们再次回到了乔斯琳·贝尔·伯内尔身上。贝尔·伯内尔发现的一系列间隔为1⅓秒的脉冲位于狐狸座天区。狐狸座正好位于由天津四、织女星和牛郎星组成的"夏季大三角"中央。贝尔·伯内尔感到进退两难。一个正经的天文学科班生不会想告诉导师自己截获了一段外星人信号；但从另一角度来说，他们也从不怀疑，就外星人而言，他们自己正处在最前线。如果外星人会打电话，它们肯定会首先打给地球上的天文学家。

　　贝尔·伯内尔鼓起勇气拨通了导师安东尼·休伊什的电

话，告诉他自己的所见所闻。安东尼·休伊什当时正在一间本科生实验室上课。休伊什回复道："一定是人造信号。"不过，他第二天亲自去望远镜那里看那串脉冲信号。果然，他看到了。休伊什认为是仪器出了问题。于是在接下来的一个月里，他和贝尔·伯内尔尽其所能地排除各种误差来源。

起初，他们证实信号源与恒星背景同步，而不是与太阳运动同步。天文学家称之为与恒星时同步。[1]这表示信号来源不在地球上，也就排除了人为干扰的可能性。除非这个信号是由其他天文学家发出的，并且正好与恒星时同步。会不会是附近的天文台因研究需要而发射的信号呢？

休伊什写信给附近的天文台逐一询问，都一无所获。现在还有哪些直接的解释呢？研究小组排除了从月球反射回来的雷达信号、卫星的信号和望远镜南部一座大型波纹金属建筑产生影响的可能性。后来他们又检查了所有线缆，结果也是没问题，这使贝尔·伯内尔大为放心。毕竟，她也参与了线路搭建。

他们对脉冲信号进行了深入分析。脉冲的间隔时间是1⅓秒，每次脉冲持续的时间少于0.016秒。这表示产生这些信号

---

1. 一个恒星日相当于地球相对于一颗恒星自转一周的时间。如果从地球轨道上空俯视，你会发现当地球相对于恒星完成一周自转时，相对于太阳来说还没完成一周自转。地球相对太阳完成一周自转需要额外的3分56秒。如果信号源在恒星背景中，并在某一天下午4时04分出现，那么贝尔·伯内尔会在第二天下午4时再次发现信号源。

的东西一定是小的。基础物理学表明，没有什么物体的速度能比光速更快，所以这个天体的直径最大不超过 5 000 千米。[1] 从天文学角度来说，这与地球的半径（6 371 千米）相当。

随后，研究小组尝试解决信号源的距离问题。他们测量了脉冲的色散程度。当电磁波在介质中传播时，高频波会比低频波传播得更快，因而会出现色散。一个典型的例子是，当白光通过一块玻璃三棱镜时，就会发生色散，出现彩虹般的颜色。星际空间当然不会遍布玻璃，但也绝非空无一物。实际上，银河系旋臂就位于一种由自由电子组成的气体中。就像玻璃对低频的红光的影响大于高频的蓝光，这种自由电子"气体"对低频射电波的影响大于高频射电波。当一束脉冲穿过星际空间时，由于色散效应，脉冲的低频部分就会逐渐落后于高频部分。以贝尔·伯内尔观测到的神秘天体为例，脉冲在抵达地球时出现了可觉察的延迟。

通过测量信号中最高频和最低频之间的时间差，再利用一个简单的模型来计算脉冲在星际空间通过的自由电子数量，研究小组就得到了信号源的距离。计算结果表明，信号源远在太阳系之外，但位于银河系内，距离地球约 200 光年。[2]

1.　原始数据见论文："Observation of a Rapidly Pulsating Radio Source" by A. Hewish, S. J. Bell, J. D. H. Pilkington, P. F. Scott and R. A. Collins, *Nature* 217, 709–13 (1968)。

2.　当描述银河系内恒星间的遥远距离时，如果继续用地球上常用的一些长度单位，例如米，就显得力不从心了。用光年描述会更加方便。光年指光在一年时间内传播的距离。

接下来，他们思考这个外星文明可能的架构。这个信号是否出自一颗类地行星，而这颗行星正好绕着一颗类太阳恒星公转？如何验证这一猜想呢？如果外星人在一个轨道上，他们发出的信号也会在轨道上。若是如此，信号源就会离贝尔·伯内尔的射电望远镜时远时近。这样运动应该会产生一种效应，即我们常说的多普勒效应（Doppler effect）。

多普勒效应有一个经典例子，就是火车通过时喇叭声的变化。火车喇叭发出的音符是固定的。当火车靠近时，喇叭声会变尖；而当火车远离时，声音又会变沉。概括地说，当电磁波信号源和探测器发生相对运动时，信号的频率会发生变化。

那么这个信号存在多普勒效应吗？令研究小组感到意外的是，信号的确存在多普勒效应。但这种效应并不是因为外星信号围绕外星太阳而产生的。要知道，贝尔·伯内尔的望远镜本身也在围绕着太阳运动。研究小组在信号中测量到多普勒效应，实际上表明望远镜相对信号源发生了运动。贝尔·伯内尔本人也苦笑道，研究小组成功证明了地球绕太阳公转。这固然令人欣慰，但研究本身并没有太大突破。

不过他们还是取得了一些进展。当把这微小的多普勒效应去除后，他们发现脉冲信号非常有规律，脉冲的时间间隔高度一致，误差小于千万分之一。这说明产生信号的物体具有大量的物质和能量。如果这是外星人的作品，他们真是严肃认真。他们确实建造了一台威力巨大的发射器。

第三只眼

　　贝尔·伯内尔和她的团队越来越肯定他们找到的信号并不是什么偶然的人为因素或者错误布线的结果。信号源是一个位于银河系内，但又在距离我们最近的恒星之外的质量巨大、极其紧凑的东西。他们决定硬着头皮向其他相当的望远镜团队求助，看看他们的望远镜能不能探测到相同的信号。

　　为了保密，休伊什联系了他的同事保罗·斯科特（Paul Scott）及其研究生罗宾·科林斯（Robin Collins），他们有一台相同工作频率的射电望远镜。他们计算出，信号在贝尔·伯内尔的望远镜视场中出现后 20 分钟，会被第二台望远镜捕捉到。当贝尔·伯内尔的望远镜捕捉到信号后，研究小组立刻转而关注第二台望远镜的图表记录仪。20 分钟过去了，信号没有如期到来。休伊什和斯科特走出实验室，在走廊徘徊，贝尔·伯内尔跟在他们身后，讨论着为何只有一台望远镜接收到信号。突然，实验室传来一声惊叫。罗宾·科林斯并没有一同出去，而是留下来等待。于是，他看到了脉冲信号。他们把延迟时间计算错了 5 分钟。信号源是真实存在的。

　　1967 年 12 月 21 日，安东尼·休伊什和项目主管马丁·赖尔（Martin Ryle）在玛拉德主持了一次会议，讨论如何处理这类天体，他们半开玩笑地将其称为小绿人（little green men，LGM）。如果这的确是来自外星文明的脉冲信号，那么这些外星人是截然不同的一群人。首先，脉冲信号的频率是 80 兆赫兹，似乎这是一个不太可能的选择。虽然对类星体来说是完美频率，但恰好也是一个充满杂音的频率。

如果贝尔·伯内尔的小绿人正在向地球或者其他类地行星发射信号，他们应该很自然地选择让信号落在微波窗口上吧？但他们却选择了一个更容易被气体和尘埃吸收的电磁波段。为什么他们要选择一个不容易被发现的频率来发射信号呢？

然而，他们的确探测到了信号。如果说科学教会了人类什么的话，那就是在事实面前保持谦逊。如果信号真的来自外星人，他们应该先告诉谁？是天体物理学的学术期刊？还是首相？

贝尔·伯内尔带着一肚子怨气回家吃晚饭。她花了宝贵的两年时间，搭建了一台最先进的射电望远镜，准备搜寻类星体，而她的实验却被一群愚蠢的外星人搅黄了。她的研究经费只剩下 6 个月了，获得博士学位并走上学术之路的机会越来越小。正如她自己所说："我很气愤，有些无聊的小绿人不知出于什么原因，选择了我的频率和我的天线来向地球发射信号。"

凛冽隆冬

那天晚上，贝尔·伯内尔回到实验室，决心回归工作正轨。长达 2 500 英尺的图纸堆积如山，亟须分析。就在 10 点前，当实验室正要关门的时候，她正在分析仙后座的数据，她觉得自己又发现了那些"刮痕"。

她赶紧展开所有图表纸，找到所有和仙后座有关的数据。"刮痕"再度出现。但很不巧，她第二天要回老家爱尔兰过圣诞节，并宣布订婚消息。她通过计算得到，对应的天区会在凌晨两点出现在望远镜的视野中，于是她决定在回贝尔法斯特（Belfast）之前保持清醒，并立即前往天文台。

此时正是深冬，就连仪器也受不了，不听使唤。但贝尔·伯内尔回忆自己"一边向仪器哈气，一边咒骂着它，然后它全速运转了 5 分钟。这 5 分钟很关键。记录纸上显示出一波脉冲信号，这一次脉冲间隔是 1¼ 秒，不是 1⅓ 秒"。

真相终于大白。仪器没有出错，没有人为因素干扰，天空中的确存在着一些新东西。而且不可能是小绿人。毕竟，两拨小绿人在宇宙两端同时用模糊的频率向地球发射信号的可能性能有多少？实际上，是银河系某处一种巨大、紧凑的天体正在产生射电波脉冲。乔斯琳·贝尔·伯内尔发现的是脉冲星。

星际旅行

这个结果似乎略为扫兴——毕竟我们找的是外星人——但在我看来这是一件幸事。零结果对伪科学来说是重大打击，却是科学的福音。我们很希望能找到外星人,但我们必须用证据来说话。如果 SETI 真的截获了一段外星射电信号,我们可以保证,这段数据的待遇会和贝尔·伯内尔的脉冲星一样,要接受仔细检查。这实际上是件好事。正如已故的奥利弗·萨克斯(Oliver Sacks)[1]曾说的:"在某种程度上,每种感知行为都是创造行为,而每种记忆行为都是想象行为。"当涉及我们非常想相信的事物时,我们更要保持警惕。

脉冲星就像一座巨大的灯塔:这是一颗快速自转、高度磁化的密集中子球,向宇宙空间发出电磁辐射。它们的前身是大质量恒星;它们是恒星燃料耗尽,爆发成为超新星后留下的高度压缩的残骸。每颗脉冲星都是独一无二的,有着特定的辐射类型和脉冲频率。在乔斯琳·贝尔·伯内尔首次发现这类天体后,我们陆续发现,有些脉冲星自转速度极快,脉冲之间的时间间隔仅为毫秒。我们还发现,有些脉冲星辐射的"光束"是 X 射线,有的则是可见光。

当美国国家航空航天局发射旅行者 1 号探测器时,在金唱片的外壳上蚀刻了地球相对于距离它自身最近的 14 颗脉冲星的位置图,每颗脉冲星的脉冲周期都用二进制进行了编码。[2]如

1.　奥利弗·萨克斯(1933—2015),英国脑神经学家,曾以纪实文学的形式出版多部医学大众读物。——编者注

2.　我觉得你一定很想知道这个:这里用的基本单位是氢的超精细跃迁周期,氢是宇宙中最常见的元素。这和一种叫作"自旋"的状态有关系。简单来说,氢原子中的质子和电子都会自旋,而且排成一列,要么(转下页)

果有外星文明截获了信息并决定拜访我们，贝尔·伯内尔的脉冲星将会成为指引他们前来的地标之一。

（接上页）是正向平行，要么是反向平行。有时候电子会发出光子并从高能态（自旋平行）跃迁为低能态（自旋反平行）。发出的光子的精确频率是1 420.405 751 77 兆赫兹 —— 可以用来定义时间的长度。前提是，外星人没有撕碎金唱片并一口吃掉它。

第三章

行　星

本章中，作者寻找了类地行星，了解了 Wow! 信号，和联合国人类大使一起在维也纳漫步。

联合国有种奇妙的未来感。低矮的到达大楼让我回想起20 世纪 70 年代的小学，但穿过大楼后，巨大的庭院令人眼前一亮。这里的一切看上去似乎都已过时——大量的灰色混凝土，巨大的浅圆形喷水池，高耸的冷战风格旗杆，但总体效果却是意外地让人感到进步。这里的所有装饰都是 20 世纪中叶的产物，但其背后是一个因人类共同利益而联合起来的主权国家的超级联盟，仍仿佛是科幻小说中才会出现的事物。

联合国在世界人类事务中的特殊地位引起了我的兴趣，因为开普勒空间望远镜（Kepler Space Telescope）近期发现了大量类地行星，英国媒体广泛报道了相关新闻——考虑到这些星球上可能孕育了智慧生命，我们可通过无线电与之联系——联合国任命了一位发言人作为人类代表。这位发言人是联合国外层空间事务厅（United Nations Office for Outer Space Affairs，

UNOOSA）的马兹兰·奥斯曼（Mazlan Othman）博士，不过《星期日泰晤士报》（*Sunday Times*）等媒体更喜欢称她为"来自地球的大使"。我与她约好共进午餐。

不过，当我踏上通往奥斯曼博士办公室的楼梯时，强烈的科学求知欲却顿时烟消云散。这种感觉和"l'esprit d'escalier"[1]完全相反，这不是一个法语短语，在英语中它指在一次相遇后，走下楼梯回家时才有的灵感。我每上一层楼，就越发觉得口干舌燥，额头冒汗，直到最后所有的信心消失殆尽。

在言及地外生命时，这种不适司空见惯，简单地说就是"玩笑因素"（giggle factor）。出于某种原因，当我们谈论与外星人交流这种非常真实、科学的可能性时，都忍不住想发笑。要知道，这里不仅高高飘扬着各国国旗，还是外交官们纵横捭阖之地，我却准备找联合国空间部门的负责人讨论有关飞碟的事情，这真的合适吗？

奥斯曼博士的履历令人印象深刻。她出生于马来西亚，是训练有素的天体物理学家；在 21 世纪头 10 年，她率先领导了马来西亚的航天计划，成立了马来西亚国家航天局（ANGKASA），在兰卡威岛（Langkawi）建立了一座空间天文台；她主导了 RazakSAT 遥感卫星的发射升空，这是世界上第一颗近赤道轨道卫星；她在 2007 年促成了首位马来西亚籍宇航员进入国际

---

1. 直译为"楼梯妙计"。——译者注

空间站。在那之后，她担任联合国外层空间事务厅主任[1]一职，并于 2009 年被任命为联合国驻维也纳办事处副总干事。

其实我不必那么担心。当我满头大汗、语无伦次地经过她的秘书身边时，大概连休·格兰特（Hugh Grant）[2]都觉得我表现得过于浮夸了。奥斯曼博士热情地迎接了我，她并没有责怪我糟糕的方向感，而是吐槽了联合国奇怪的布局，她轻松的态度让我顿时放松下来。她带我进入她的办公室，一股宜人的气息扑面而来，窗外是维也纳老城和美丽的多瑙河。她的办公桌在房间那一头的角落，被一旁郁郁葱葱的盆栽挡住了大半。我的右手边是一排橱窗，里面摆着闪闪发光的卫星和空间站的比例模型。

我们坐了下来，接下来我尽可能去说服她我不是一个疯子。我有着一定的科学素养，虽然我认为 UFO 的相关证据可信度很低，但我依然对其他行星上存在智慧的、可与人类交流的生命的可能性很感兴趣。我认为，生物学在宇宙中应该和物理与化学一样具有普遍性，开普勒空间望远镜的新发现也向我们展示了这种可能性。简而言之，我竭尽所能地向她保证，我是一位情绪正常、有科学素养的人，对天体生物学抱有热忱。不过我在说这些话的时候，觉得自己就是个疯子。

当我终于有机会喘口气时，我看到这位联合国外层空间事

---

1. 奥斯曼于 2007—2014 年担任该职。——编者注
2. 英国著名演员。——译者注

务厅主任的眼睛闪烁着光芒。"好吧，"她说道，"你就明说吧，你想聊外星人。"

一闪一闪脉冲星

现在看来或许很奇怪，但就在 20 年前，我们还没有确凿证据证明太阳系外存在行星。20 世纪 80 年代末，我还是一位大学生，记得当时有报道称发现一颗绕仙王座 γ 运行的行星，我难掩心中的兴奋之情。仙王座 γ 是一对双星，距离地球 45 光年，位于北天仙王座内。[1] 这个发现有些令人难以置信。在第一部《星球大战》（*Star Wars*）中，最具标志性的场景之一就是，卢克·天行者（Luke Skywalker）在他的家乡星球塔图因（Tatooine）远眺两轮夕阳西沉的镜头。那么，这颗新发现的行星是否也会像塔图因一样，是不毛之地，被两颗恒星散发的热量所炙烤，类人生物只能在地下潮湿处开展耕种活动？乔治·卢卡斯（George Lucas）还弄对了什么？真的有可能躲过激光枪[2] 的射击吗？

遗憾的是，尽管关于这颗系外行星的第一篇论文在 1988 年发表，那一年我开始攻读自己的博士学位；然而这篇论文

---

1. 著名的仙王座 δ（造父一）就位于仙王座。造父一是一颗变星，光变周期约为 5 天 9 小时。
2. 电影《星球大战》中出现的一种武器 blaster，通常被译为爆能枪。——编者注

在 1992 年被撤回了，当时我转行成为专业喜剧演员。[1] 我希望这仅仅是巧合。就算有什么联系，我也并不担心，因为就在同一年，亚历山大·沃尔兹森（Aleksander Wolszczan）和戴尔·弗雷（Dale Frail）在波多黎各阿雷西沃天文台（Arecibo Observatory）进行观测，他们在室女座发现了第一颗真正的行星。实际上，他们发现了两颗，它们的公转半径约为地球绕日公转半径的一半。但它们并不是围绕着一颗恒星运行，而是围绕着一颗脉冲星。

　　显然，这和我们的设想有些出入，而且我怀疑弗兰克·德雷克正急忙把射电望远镜对准 PSR B1257+12，尝试捕捉信号。首先，信号源在 1 000 光年以外，真要对起话来难免有些奇怪；其次，脉冲星很有趣，但对于已知的生命形式来说，被 X 射线轰击总是有其弊端。

　　1995 年，我们终于发现了一颗围绕类太阳恒星运行的系外行星，飞马座 51b。不过这颗行星依然与我们期待中的不太一样。这颗行星位于飞马座，距离地球 50 光年之遥。它的质量约为木星的一半，但它的位置很靠近母恒星，公转周期仅为4.2 天。为什么会那么近呢？毕竟，在太阳系中，水星、金星、地球和火星这些岩质行星更靠近太阳，木星和土星这些气态巨行星则在太阳系外围游弋，至于天王星和海王星这类中等大小

1.　还好这个故事有个圆满结局。2002 年，仙王座 γ Ab（少卫增八 Ab）最终被确认存在。

的冰质行星，则身居太阳系的偏远区域。这是否说明，在某些类太阳系中，行星所处的区域并不是固定不变的？

一旦一颗新天体被确认为行星，就相当于打开了一扇通往新世界的大门。世界各地的射电天文学家都想有所发现，各式各样的行星陆续出现。与飞马座51b类似的行星统称为"热木星"：这些都是靠近其母恒星的气态巨行星。另外还有一类叫"热海王星"：这类行星同样靠近母恒星，但体积稍小，属于中等大小。当然，还有远离母恒星的庞然大物。[1]我们唯独没有找到类似地球的行星。

也就是说，我们在类太阳恒星周围一个日地距离内没有发现类地行星。我们认为，地球之所以能成为生命的乐园，一个重要因素就是地球表面覆盖着水。事实上，天文学家定义了一个宜居带（habitable zone）的概念，处于宜居带内的行星具有适宜的温度，水既不会因行星与母恒星距离过近而导致蒸发（例如水星和金星），也不会因距离过远而导致结冰（例如火星）。用官方的行话来说，我们还没在任何恒星的宜居带内发现与地球大小相近的行星。这是否意味着，地球并非平庸之众，而是天选之子？

用术语表达，这叫作地球殊异假说（Rare Earth Hypothesis）。这种假说认为，微生物或许随处可见，但智慧生命相当稀有，原因是类似地球的行星很罕见。毕竟，地球之所以能成为

---

1. 例如2M1207b，其质量为木星的3倍，轨道半径是木星的8倍。

孕育生命的理想场所,是多种因素的共同作用。

第一,地球的体积恰到好处。如果再小一些,它产生的万有引力将不足以维持大气,不能形成适度的大气层,也就不会产生温室效应来维持表面的温度了。这正是火星的问题所在,火星引力只能维持最稀薄的大气。

第二,地球上有火山运动。我们将在后面看到,生命源自火山泉是关于生命起源最有说服力的假说之一。再者,岩石循环中消耗和释放的气体也扮演了重要角色,有助于维持有利于生命的富含二氧化碳的大气。不仅如此,板块构造还确保重元素如金属元素再次进入海洋和大气,从而产生许多生命可以利用的复杂的化学反应。

第三,地球具有很强的磁场。这不仅有助于我们确定方位,还能保护我们免遭太阳风极具破坏性的辐射。第四,地球有一颗大卫星月球,这不仅使地球自转变缓,使其气候趋于温和,还使地球自转轴指向同一方向。若没有月球,地球自转轴可能会大幅度摆动,对气候产生毁灭性的影响。最后,地球还有木星这一天然屏障。木星充当了地球的太空吸尘器,使地球免遭彗星袭击。[1]

只要看一看尤卡坦半岛(Yucatán Peninsula)的希克苏鲁

---

1. 笼统地说,彗星是一种来自柯伊伯带或奥尔特云的冰冻岩石。柯伊伯带是由冰冷碎石组成的圆环状区域,同时也是冥王星的家乡,NASA 的新视野号探测器正在勘察该区域。

伯陨石坑（Chicxulub crater），你就会明白，彗星造访地球是坏消息。那次撞击事件使恐龙从地球上消失。感谢木星，它的存在让这类世界浩劫变成了小概率事件。基本上，这颗引力极强的"恶霸"行星能够吸走外太阳系扔给我们的一切可疑天体。令人难以置信的是，我们曾亲眼观测到这一现象：1993年，苏梅克-列维彗星（Shoemaker-Levy）被发现绕着木星运动，一年之后，它与木星相撞并在这次壮观的碰撞中消失了。[1]

实际上，所有争论都没有真正消失。智慧生命可能很罕见。毕竟，如果我们最近的邻居是在隔壁星系而不是隔壁恒星系的话，这就很好地解释了费米悖论。然而，我们仍然有理由满怀希望。例如，不是所有的人都认为磁极翻转会带来灾难；还有观点认为，虽然木星保护我们免受彗星侵袭，但同时也扰乱了小行星带。迄今为止，最令人鼓舞的证据来自开普勒空间望远镜。简而言之，地球的大小和轨道并不像我们所担心的那样稀有，它们同样也很普通。

有失偏颇

事实证明，我们在 20 世纪 90 年代和 21 世纪的前 10 年寻找系外行星的方法决定了我们只能找到大行星。这种方法叫作

---

1. 我们相信，苏梅克-列维彗星最开始是围绕太阳运动的，但它在被发现以前的 20 年或 30 年被木星捕获了。

视向速度法，从根本上说，就是通过引力效应来探测行星。当一颗大行星绕恒星公转时，会导致恒星摆动，进而影响恒星的发光频率。如果能分析出恒星光线的变化频率，就能得到恒星的摆动速度，进而可计算出行星的质量及其公转轨道半径。[1]

　　这个方法很巧妙，但只能探测到大行星。类似于地球这样的小型岩质行星并不足以让母恒星发生摆动，或者说，摆动的幅度很小，恒星光线几乎不发生变化，因此难以测量。若要在太阳系外找到类地行星，我们需要一台新的望远镜。于是2009 年，NASA 的开普勒计划诞生了。

镜中人

　　开普勒空间望远镜以 17 世纪德国天文学家约翰内斯·开普勒（Johannes Kepler）命名，这是再合适不过了。他不仅发明了深受全世界业余天文学家所喜爱的现代折射望远镜[2]，还为我们理解行星运动奠定了良好基础。开普勒根据丹麦天文学家

1. 我这里描述的是多普勒效应的又一个例子。当波源相对于观察者在运动时，观察者接收到的波频率会发生变化。典型的例子是当火车靠近时喇叭声会变尖，当火车远离后声音会变沉。
2. 这里有必要补充几句。我们一般认为是伽利略发明了折射望远镜，但实际上伽利略只是改进了荷兰眼镜制造商利伯希（Hans Lippershey）在 1608年的设计。开普勒的创新之处在于，他用了两块凸透镜的组合，而不是像利伯希那样，用一块凸透镜作为物镜，一块凹透镜作为目镜。开普勒在1611 年的改进奠定了现代折射望远镜结构的基础。当然后续还有其他改进，例如消色差透镜（消除不同颜色的光线穿过透镜时产生的差异）。

第谷·布拉赫（Tycho Brahe）的观测记录提出，行星的公转轨道并非自柏拉图时代以来公认的正圆，而是椭圆。此外，从古希腊时代起，"行星以匀速运动"这样的观点就已是主流，但开普勒认为，行星的运动速度不是恒定的，而是随着行星在轨道上的位置发生改变。牛顿的《原理》最伟大的成就之一，就是当他把万有引力定律运用在太阳和各行星上时，能够完美解释开普勒总结的各种现象。

这台被冠以开普勒之名的望远镜非常壮观。顾名思义，它远离地球；它被三级火箭送入了绕日轨道。将望远镜送入太空有如下几个优势：第一，地球大气会使星光模糊不清，这也是恒星闪烁的原因；第二，我们不必等待黑夜降临了才能使用望远镜。开普勒望远镜对准的是北天，太阳永远不会进入它的观测范围，它的观测区域是天鹅座边缘的一小部分。说是一小部分，实际上这个区域内有14.5万颗恒星。

开普勒望远镜采用凌星法来搜寻系外行星。简单来说，它会监测某颗特定恒星的亮度，当发现亮度下降时，说明有行星正在穿过恒星圆面，专业的说法是发生了凌星。毫无疑问，这需要很高的探测精度，就像是要监测一只果蝇飞过车头大灯时发生的亮度下降。通过准确测量亮度下降的幅度，就能够计算出行星的大小；而通过测量两次凌星的时间间隔，就能得知行星的轨道半径和表面温度。

搜寻结果令人惊讶。目前开普勒望远镜已经发现超过1 000

颗行星，还有超过 3 000 个候选目标有待确认。我们都发现了什么呢? 后见之明当然不错，但从多方面来看，这都是显而易见的: 偏大或偏小的系外行星比中等大小的系外行星更罕见。换句话说，大部分系外行星的大小都在地球和海王星之间，像地球这样小或像木星那么大的系外行星也有不少，但相对来说更罕见。

根据目前的研究结果，我们相信太阳系在某种程度上是一个异类。首先，木星大小的行星并不常见，而且这些行星的温度往往很高，不像我们的木星这样冷冰冰的。其次，太阳系中没有那么多中等大小的行星。最后，在太阳系，水星轨道以内没有任何天体，但在开普勒望远镜的观测范围内，许多恒星系中有各式各样的行星，它们的公转周期为 10 天或更少。[1] 话又说回来，类太阳系也并不是真的那么稀有: 我们目前猜测，冷木星的出现概率约为 1/100。银河系中约有 2 000 亿颗恒星，也就是说，其中大约有 20 亿个和我们太阳系类似的行星系统。

至于类地行星，开普勒望远镜的数据也令人鼓舞。最新的估算显示，约有 1/5 的类太阳恒星，其宜居带内存在类地行星。这意味着，最近的含水岩质行星与我们的距离可能仅为 12 光

---

1. 有一种大迁徙假说 (Grand Tack) 能够将这三者联系起来: 木星和土星在形成之初距离太阳比现在更近，只有约 3 天文单位 (1 天文单位等于地球轨道半径)。太阳周围的剩余气体减缓了木星的速度，它开始靠近太阳。当木星抵达距离太阳约 1.5 天文单位处的时候，土星的引力作用使其转向。最终木星在 5 天文单位处稳定下来，土星则位于 9 天文单位处。

年。[1] 尽管开普勒望远镜在 2013 年就停止了观测，我们仍在筛选大量的观测数据，并且不断地在类似于太阳的恒星的宜居带上发现小型岩质行星。

开普勒望远镜的问题在于，为了提高搜寻成功率，它被指向了一处遥远但恒星密集的天区。这意味着，迄今我们发现的所有类地行星都远远超出了目前最先进的望远镜的观测范围。举例来说，开普勒 186f[2] 是一颗大小与地球相仿的岩质行星，它与母恒星的距离适中，表面可能拥有水。其母恒星不是与我们太阳一类的 G 型恒星，而是 M 型恒星，也就是所谓的"红矮星"，这类恒星更容易产生猛烈的恒星耀斑。[3] 不过，开普勒 186f 恰好位于母恒星宜居带的外缘，远离了耀斑的危害范围。这意味着开普勒 186f 可能是一颗宜居星球。

SETI 立刻将射电望远镜对准了开普勒 186f，寻找着一切疑似信号。然而他们一无所获。但这不代表那个方向不存在无

---

1. 有证据表明，天仓五（鲸鱼座 τ）的宜居带内有与地球相仿的行星（天仓五是距离太阳第 35 近的恒星，同时也是距离我们最近的类太阳恒星）。巧合的是，天仓五和地球的距离正好为 12 光年。这也是弗兰克·德雷克在奥兹玛计划中敲定的两颗恒星目标之一。

2. 发现于 2014 年 4 月 7 日，相关文章见 NASA 官网：http://www.nasa.gov/ames/kepler/nasas-kepler-discovers-first-earth-size-planet-in-the-habitable-zone-of-another-star。

3. 可以根据恒星的颜色对其进行分类。按照从蓝到红，从大到小，依次分为 O、B、A、F、G、K、M。由此还诞生了一个科学史上最成问题的记忆方法："Oh Be A Fine Girl Kiss Me"。太阳是 G 型恒星。从 O 到 M，恒星数量呈上升趋势，大约 8% 的恒星可归类为 G 型恒星，12% 为 K 型恒星，77% 为 M 型。剩余的 3% 为其余四类恒星。

线电信号，因为开普勒 186f 与地球的距离将近 500 光年，要想在地球上探测到来自开普勒 186f 的无线电信号，望远镜的观测能力须为阿雷西沃射电望远镜的 10 倍。换个角度来说，如果开普勒 186f 上存在着和我们类似的文明，SETI 也发现不了它。也许开普勒 186f 上的生命体现在就正往星际互联网上传宇宙奥秘，但我们也无从得知。

　　好消息是，NASA 的下一代空间望远镜，凌日系外行星勘测卫星（Transiting Exoplanet Survey Satellite，TESS）在 2018 年[1] 发射升空并接替开普勒望远镜，该卫星将遍历距离地球最近的 50 万颗恒星，有望识别出数千颗类地行星。毫无疑问，SETI 会很快锁定目标，其他下一代望远镜，例如韦布空间望远镜（James Webb Space Telescope）[2] 也会跟进。韦布空间望远镜设备精良，可在红外波段下工作，无疑是分析行星大气的最佳候选设备。氧气、二氧化碳和氮气分子都有其独特的"条形码"，会吸收或发射特定频率的光线。如果我们了解我们在寻找的东西，即便在地球，我们也有机会探测宇宙另一端的外星生命。我们的邻居们可能熄了灯拉上了窗帘，但像韦布空间望远镜这样的望远镜会告诉我们他们是否在家。然后，弗兰克·德雷克就知道应该把望远镜对准哪儿了。

1.　TESS 已于北京时间 2018 年 4 月 19 日发射升空。——译者注
2.　韦布空间望远镜已于美国东部时间 2021 年 12 月 25 日发射升空。——编者注

宇宙起点的餐馆 [1]

在我们前去用午餐的路上，马兹兰向我解释了为何媒体把她当作面对外星人的大使。"我本来要在一次皇家学会会议上，做一个关于外星生命的报告。我想说，如果我们收到了外星信号，联合国无疑是最好的回应方。"

我们走过 UNOOSA 的航天展示区，眼前的一切让我短暂分神。其中有一台漂亮的神舟飞船模型，这是未来往返中国空间站的穿梭飞船，它的旁边是运载飞船升空的长征运载火箭。看到这些火箭和飞船模型，我有种似曾相识的感觉——毕竟中国的航天科技受苏联影响——但飞船一侧的汉字还是让我眼前一亮。在 21 世纪 20 年代，随着国际空间站的退役，届时轨道上就只有中国的太空人了，那会是截然不同的一番景象。

大部分展品都是人造卫星的比例模型。UNOOSA 的职责之一就是登记所有发射升空的物体并跟踪最终进入轨道的物体。人们喜欢人造卫星的理由各不相同，其中之一就是人造卫星能对气候变化做出早期预警：卫星数据让我们有 90% 的把握相信，地球正在因二氧化碳排放而变暖。尽管如此，大部分人看中的是人造卫星背后的经济利益。全球定位系统（GPS）、电视还有互联网都要依靠人造卫星传输数据，地球上几乎所有

---

1. 标题原文呼应英国科幻作家道格拉斯·亚当斯的经典作品《银河系搭车客指南》系列小说中的《宇宙尽头的餐馆》。——编者注

的国家都想从中分一杯羹。

就在那天早上，我在《每日邮报》（*Daily Mail*）上读到一篇文章，大意是，当我们在不断援助尼日利亚（人口增长最快的国家之一）的时候，它却把援助大肆挥霍在太空竞赛上。愤怒之余，我突然意识到，所谓的尼日利亚太空竞赛并不是那种在火星上插国旗的行动，而更多是和人造卫星有关。毕竟，对发展中国家来说，发射卫星可能是向其提供基础设施的最明智的方式。我在网上查了查，非常非常惊喜，这的确是尼日利亚太空计划的目的，发射通信卫星和地球观测卫星给这个国家带来了互联网服务、气象图和粮食安全。

有趣的是，除了展示模型外，展柜里还有一块月岩，是由阿波罗 15 号宇航员詹姆斯·欧文（James Irwin）在雨海斯珀坑（Spur Crater）边缘发现的，正好在月球"人脸"的右眼处。[1] 月球上的月海大体上说来是由小行星或者彗星撞击形成的巨大的陨击盆地。这些盆地随后被熔岩覆盖，熔岩冷却后形成巨大的黑色玄武岩平原，这使它们成了早期阿波罗任务理想的着陆点。发人深省的是，地球历史上也曾经历过类似的毁容，不过由于风化作用和通过板块构造引起的地壳再循环，地球就像是打了肉毒杆菌一般，撞击坑消失得无影无踪。

---

1. 说白了，当我们在看"他"的时候，我把左上角的那个大黑圈当成了这个帅哥的右眼。对了，如果你还没有下载最新版本的谷歌地球，我由衷地推荐你下载一个，好去月球旅行。

"所以这是子虚乌有的事情（指外星人大使）？"我问道。她笑了笑，我们继续向前走。"事情一见报，有位记者就打电话过来。她问我：'你就是外星人大使吗？'我说：'这我得否认。不过这个称呼听起来挺酷的。'"

当然，说起和外星人打交道，联合国有自己的方式。正如我们在本书开篇中提到的，是时任联合国秘书长库尔特·瓦尔德海姆的声音开启了旅行者1号金唱片，而我感觉就像听到了一段试镜讲演。随着事态发展，很快地球人就需要一位能代表他们发言的人了。这不正是联合国成立的初衷吗？对此一定有人深思熟虑过了。如果外星人打来电话，在众多报告和决议中肯定早就包含应对草案了。奥斯曼博士笑了："在联合国，我们仅仅是提供服务，除非成员国要求，否则我们不会制定任何条约草案。"

我突然想到，只有一件事比外星人和联合国对话更糟糕，就是外星人和联合国以外的人对话。毕竟，我们都知道这是怎么一回事。1996年，美国科学家认为他们在南极洲发现的一块火星陨石中含有细菌化石，时任美国总统克林顿通过电视向全世界宣布了这一发现。[1] 我们应当把政客排除在外，他们只想独占荣耀。我们最不想看到的事情就是戴维·卡梅伦（David Cameron）在唐宁街玫瑰花园和一个外星人手牵手的场

1.　这颗名为艾伦山（Allan Hills）的陨石，会在第五章详细介绍。

景。他和尼克·克莱格（Nick Clegg）[1]的事就已经够了。

　　是时候让奥斯曼博士为难了。如果明天有一艘外星飞船着陆该怎么办？我有些战战兢兢，觉得她会揶揄我不要异想天开。但出乎我的意料，她不假思索就回应了我。

　　"这取决于他们的着陆点。如果他们在马里（Mali）落地，就可以把他们看作是源自马里的外星人。"

　　"真的吗？那联合国负责什么呢？"

　　"如果马里政府要求我们介入，我们就会介入。"

　　"如果他们真的提出了请求呢？"

　　"那我们就需要确认事情的真实性。我们会协助组建一支科学家团队，并帮助科学家们获得签证，这可能需要几个月的时间。"

　　"但 SETI 不就有一套方案吗？就是关于外星飞船降落后的应对方案。"

　　"的确如此。但（联合国）从没采纳 SETI 的方案，[2]甚至没有讨论过。"

---

1. 英国政治家，曾是自由民主党与保守党联合政府（2010—2015）的副首相，当时与首相卡梅伦共事。——编者注

2. 抱歉，我一直希望联合国能管管这些事情。联合国对外星人所有事项的立场都写在了《外层空间条约》（Outer Space Treaty）中，条约内容见UNOOSA 网站：http://www.unoosa.org/oosa/SpaceLaw/outerspt.html。

山中野人

一直以来，人们都很难严肃地对待地外文明探索计划。首先就缩写 "SETI" 来看，听着与 "yeti" [1] 太接近了，会让人感觉不舒服。这也立刻让读者联想到大脚怪恶作剧，录像采用模糊的拍摄风格，失业演员穿着用 20 世纪 70 年代粗毛地毯做的劣质戏服，在画面中跌跌撞撞。此外，史蒂文·斯皮尔伯格（Steven Spielberg）的电影《E.T. 外星人》（*E.T.*）也描绘了外星人驾驶飞船降落在地球上的场景，更让 UFO 与 "天外来客" 一词紧紧联系在一起。毕竟，当你心中想象的外星人是一个长着皱皱巴巴的、棕色娃娃脸的侏儒，伸出发光的手指时，你很难用严肃的眼光看待 SETI。

依我看，这种不信任感实在是不应该，而且一点也不公平。出租车司机、在婚礼上坐在我旁边的人，以及在东南铁路（Network SouthEast Rail）[2] 旅途中的同行旅客，这个主观的公众样本告诉我，人们确实会认真看待 UFO，然而——至少是一开始——对 SETI 则非常不屑。对此我完全不能理解。SETI 是一群专业天文学家使用最先进的射电望远镜进行的项目，而 UFO 搜索只不过是一帮酒鬼在酒吧狂欢后的余兴节目。UFO 背后完全没有科学可言，相比之下，SETI 可谓掷地有声。另外，

---

1. 雪人，一种传说生活在珠穆朗玛峰的动物。——译者注
2. 一家英国铁路运营公司。——编者注

SETI 最伟大的支持者是天才天文学家卡尔·萨根，而 UFO 最大的支持者是山达基教会[1]。我无须再多说。

公众的矛盾态度，使 SETI 项目举步维艰。这个项目始于两次独立事件，我们来快速回顾一下。1959 年，康奈尔大学的两位物理学家朱塞佩·科科尼和菲利普·莫里森在《自然》上发表了一篇论文，他们在文中指出，微波波段可能是地外文明与我们取得联系的渠道，因为较短的波长会被地球大气吸收，而较长的波长则被星际介质中的气体吸收。他们提出，中性氢发出的频率是这一频段中的标记频率，而中性氢是宇宙中最常见的分子。[2]

弗兰克·德雷克也得出了同样的结论，他在 1960 年将位于绿岸的望远镜对准了两颗离我们最近的类太阳恒星——天仓五（鲸鱼座 τ）和天苑四（波江座 ε），并把接收器的接收频率调至 1 420 兆赫兹附近。他的接收器带宽为 100 赫兹，专业的说法是，他在一条 100 赫兹宽的"通道"中展开搜寻。但他一无所获。由此，我们对地外文明的认知更进一步：那两颗星球上什么也没有。或者，更严谨地说，在 1960 年 4 月的 200 小时监听中，在中性氢的超精细跃迁频率处，他没有发现

---

1. 山达基教又名科学教，著名影星汤姆·克鲁斯是该教信徒。该教在中国不是合法宗教。——译者注

2. 氢的超精细跃迁周期被用作金唱片上的时间测量单位。相对应的"21 厘米氢线"在自由空间中的波长为 21.106 114 054 13 厘米，对应的精确频率是 1 420.405 751 77 兆赫兹。

地外文明发送的信号。

　　在弗兰克·德雷克进行了充满希望的开创性尝试后，由于缺少美国政府的资金支持，SETI 计划被迫暂停。德雷克和其他科学家不断提出请求，尽可能借用射电望远镜，然而 NASA 的反应并不积极。不过在苏联，科学共同体似乎沉浸在《世界之战》（*War of the Worlds*）[1] 和《异星战场》（*John Carter of Mars*）[2] 中，SETI 看起来并不是笑话，更像是一个严肃的科研主题。因此，尽管西方世界开了一个好头，1959 年科科尼和莫里森发表了论文，弗兰克·德雷克紧随其后自发进行了奥兹玛计划，但理论方面的工作大部分则是苏联的功劳。

　　有趣的是，苏联的做法和美国很不一样。美国科学家认为他们理所当然地能辨认出外星信号，但苏联人没这么肯定。毕竟，古埃及文字只能借助罗塞塔石碑翻译。即使那样，解译那些文字也耗费了 20 年的学术苦功；而且，古埃及文字还是一种人类语言。所以，即便我们找到了外星信号，我们又有什么自信能够将它解读出来呢？

1.　英国作家赫伯特·乔治·威尔斯（Herbert George Wells）1898 年出版的科幻小说，是最早描写外星人入侵的小说之一。1938 年改编的同名广播剧在美国播演时一度引起民众恐慌。由史蒂文·斯皮尔伯格导演的同名电影作品于 2005 年上映。——编者注

2.　埃德加·赖斯·巴勒斯（Edgar Rice Burroughs）在 20 世纪初创作的以约翰·卡特（John Carter）为主人公的系列科幻故事，讲述这位美国南北战争老兵在火星上的生活。由安德鲁·斯坦顿（Andrew Stanton）导演的电影《异星战场》（*John Carter*）于 2012 年上映。——编者注

俄罗斯套娃

苏联科学家关注的是更基本的事物：能量。在苏联的 SETI 计划中，与德雷克旗鼓相当的人物是苏联天体物理学家尼古拉·卡尔达舍夫（Nikolai Kardashev）。在卡尔达舍夫 1963 年发表的论文《地外文明的信息传送》（"Transmission of Information by Extraterrestrial Civilizations"）中，他根据能量的消耗情况对文明进行了分级。他认为，从统计学上来说，银河系中大部分文明都比我们古老。换句话说，我们有可能刚刚才出现在一个已经开了数十亿年的派对上。

卡尔达舍夫认为，技术文明的历史越悠久，就越先进，因此也需要越多的能量。根据能量消耗的程度，他把这些文明分为三种类型。I 型文明能够控制自己所居住行星的所有能量。基于这种标准，我们的文明还达不到 I 型文明，但距离也不远了。II 型文明能够掌控其母恒星的所有能量。III 型文明能够掌控其所在的整个星系的能量并为其所用。

卡尔达舍夫几乎没有提到这些文明的具体形态，但这篇论文对同时代的美籍英裔天体物理学家弗里曼·戴森（Freeman Dyson）的一篇论文表示同意。戴森在论文中提出了一类 II 型文明，这就是所谓的戴森球（Dyson sphere）。戴森这篇发表于 1960 年的论文主旨如下：一个先进的地外文明可能建造一种完全包围着母恒星的密集结构，以充分利用恒星发出的每一丝光。这种结构将恒星包裹起来，阻隔了绝大多数形式的电磁辐射。

围绕太阳运行的物体，如开普勒空间望远镜，就是建造戴森球的围墙的第一块砖。如果一个先进文明利用遮挡光线的卫星将自己的恒星完全包围起来，我们在望远镜的视野中会看到什么呢？戴森的答案是，热量。毫无疑问，热是电磁波谱的组成部分，也就是红外线。原则上，这类文明会出现在红外空间望远镜中，当然，望远镜得足够灵敏。如果你找到了一个大量辐射热量但几乎没有可见光的巨大天体，也许你就发现了地外生命。[1]

所以，当美国天文学家在类太阳恒星中搜寻氢线附近的微波射电信号的时候，苏联天文学家则在天空中搜寻能辐射红外线的大天体。对比两种策略，你大概会觉得苏联人更占优势。用当时仅有的地基红外望远镜也许很难发现Ⅱ型文明，但如果是Ⅲ型文明呢？如果半个星系都被遮挡了，黑色部分还会散发强烈的红外辐射，谁能注意不到呢？另一边，美国人的工作则仿佛在大海捞针。然而，率先取得突破的却是美国人。

Wow !

希望这能引起你的注意。因为，如果你认为 SETI 至今仍

---

1. 我指的当然不是那种皱巴巴的伸出发光手指的棕色外星人，我说的是一般意义上的地外生命。

一无所获，你需要了解一下 Wow！信号。这是一个悲喜交加的故事，因为这不是一段稳定的长期关系，而仅仅是一次外星人的"飞吻"。但我要再次提醒你，下面并不是一个 UFO"爱好者"的猎奇故事，而是一个真正的 SETI 科学家用真实的科学仪器所做的测量。

这位科学家是天文学家杰里·埃曼（Jerry Ehman），他所用的仪器是大耳朵射电望远镜（Big Ear Radio Observatory），这是俄亥俄州立大学的一台现在已经报废了的射电望远镜。实际上，不仅仅是报废了，这里已经变成了 18 洞高尔夫球场。大耳朵射电望远镜是一台克劳斯型射电望远镜（Kraus-type radio telescope），这意味着它并不是我们所熟悉的碟形天线，而是由放置在一块占三个橄榄球场大的铝板两端的两个巨大的矩形反射镜构成。其中一块是平面镜，另一块则是曲面镜。射电波经平面镜反射至曲面镜，再反射进入探测器中。我个人认为这个设计非常精妙，值得一画，请见下页插图。

大耳朵射电望远镜自 1965 年开始工作，12 年间提供了世界上最精细的宇宙射电源定位图，这就是著名的俄亥俄巡天观测（Ohio Sky Survey）。1967 年，杰里·埃曼在密歇根大学完成天文博士学位后加入这个项目，他一直是项目的主要成员。可惜的是，1972 年巡天项目的资金被撤回，杰里失去了工作。由于没能在俄亥俄州立大学找到研究职位，他开始在附近的富兰克林大学教授商科课程，同时以志愿者身份继续在大

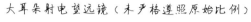

大耳朵射电望远镜（未严格遵照原始比例）

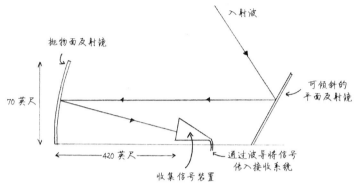

抛物面反射镜

入射波

可倾斜的
平面反射镜

70 英尺

420 英尺

收集信号装置

通过波导将信号
传入接收系统

耳朵射电望远镜工作。

　　杰里和同事不忍看着这台先进的望远镜白白荒废掉，他们决定将其改造为 SETI 项目重新启用。他们把大耳朵射电望远镜从宽频带仪器改造成窄频带仪器。大部分天然无线电源发射的是宽频信号，这表示它们发出电磁波辐射在很宽的频率范围内（从高频的 X 射线到低频的射电波）。类星体就是一个典型的宽频例子。窄频带无线电源的发射频率则集中在很小的区间，它们几乎都是人造的，例如无线电台。

　　大耳朵射电望远镜的平面反射镜放置就位后，它将随着地球自转扫描天空中的一个窄带。24 小时后，微微调整（1 角分）反射镜的角度，它将继续扫描下一个窄带。杰里和他的前同事们设定好了控制大耳朵射电望远镜的电脑，这样它会采集 50 个通道所接收到的信号强度，并转化为 0 到 35 之间的数字，然后将其打印出来。[1] 或者说，是空白和 Z 之间的数字，因为打印输出空间有限，两位数只能用个位数输出：10 是 A，11 是 B，以此类推。

1977 年 8 月 19 日，星期五。杰里·埃曼坐在餐桌前浏览着最新的一批观测资料。在这些资料上，右侧显示的是大耳朵射电望远镜的巡天坐标，附带有观测时间；左侧显示的是信号强度读数：天球相当静默，通常望远镜接收到的是一片空白，反映在强度值上就是一堆 1 和 2。但是等一下。第二通道出现了一些意想不到的字符：6EQUJ5。埃曼用红笔圈出了这六个数位，然后在旁边潦草地写了一个单词："Wow！"

这些数位到底表示什么意思呢？在你我看来，这可能是一个受欢迎的电视有奖竞赛节目主持人定制的车牌[2]；但对杰里·埃曼和他的同事来说，这是一段异常强烈的信号：是宇宙背景辐射的 30 倍，宛如一道闪光。为了让你能更直观地感受，我把信号用星号数量的形式表现出来。一般情况下，杰里看到的信号是这样的：

   *

---

1. 眼尖的读者大概发现了，50 个通道相对弗兰克·德雷克的单通道设定来说是一大突破。换句话说，相比 16 年前弗兰克在绿岸使用的望远镜，大耳朵射电望远镜能够在氢线附近更宽的频段进行搜寻。另外，它还能被遥控操作。

2. 我承认这是少数人感兴趣的梗。我是想说 6E QUJ5=SEXY QUIZ。好吧，也许没什么特殊意义？

*

**

*

但这一次，他看到的是这样的：

******

****

****

****

****

*****

提醒一下，最大可能强度 Z 的信号是这样的：

****

经过一番数学换算，杰里能够确定表示信号强度的数据的波动由望远镜运动引起，而不是信号强度本身的变化。信号强度几乎保持不变。信号检测仅持续了 72 秒，但我们不能肯定这个信号的源头是否已经存在了数天、数月乃至数年，因为不巧得很，这是大耳朵射电望远镜第一次在这片天区搜寻窄频带信号。我们也不能确定信号是否携带了什么信息，它可能是调幅（AM）信号、调频（FM）信号、或快或慢打开和关闭的单频信号，或是完全不变化的信号。[1]

　　看起来最符合逻辑的解释是：这是来自地面的人工信号，不知何故反射进入了望远镜。但沿这个思路解释 Wow！信号的各种尝试都失败了。没有合适的行星能够将地球信号反射进入望远镜，也没有合适的大型小行星和卫星。飞行器、宇宙飞船和地面发射机也被排除在外。所以真相只有一个：我们探测到的信号的确是位于遥远恒星的点信号源。此外，正如科科尼和莫里森多年前所预测的那样，信号正是位于氢线附近一个非常窄的频率带上。

　　根据观测资料上的位置数据回溯，杰里和他的团队将信号源的范围缩小到人马座方向的两小片天区。[2] 从地球上望去，人马座就像是挂在银河系中心前方的一道帘子，帘子背后是遥远的群星。第二天晚上，大耳朵射电望远镜又扫描了同一片天空，但一无所获。实际上，团队在接下来 60 个日夜都将大耳朵射电望远镜固定对准天空的同一个位置，但信号没有再出现。

　　所以，Wow！信号会是人类收到的来自地外文明的第一条

1.　快速复习：含有大量信息的信号必定会出现变化。对于调幅信号来说，信息会编码为信号的振幅变化；对于调频信号来说，信息编码为信号的频率变化。
2.　之所以是两小片天区，是因为大耳朵射电望远镜的抛物面反射器焦点上有两个接收器。只有一个接收器接收到了信号，但无法确定究竟是哪一个。而两个接收器对应的天区略有不同。

信息吗？有可能。为了确定这一点，我们需要做到再现观测结果，但到目前为止，所有试图从人马座那个特定角落接收更多信号的尝试都没有结果。不过这的确很有趣吧？突然之间，我们在不久的未来可能会收到外星信号的想法似乎并没有那么疯狂了……

现实版的朱迪·福斯特

可是吉尔·塔特（Jill Tarter）并不这么认为。吉尔是电影《超时空接触》中朱迪·福斯特（Jodie Foster）饰演的女天文学家的原型。[1] 她从 1995 年到 2004 年负责运作凤凰计划（Project Phoenix），这是一个寻找邻近类太阳恒星的 SETI 项目。和之前的 SETI 一样，凤凰计划依赖私人基金资助，而且没有专用的射电望远镜。它游走于世界各地，从位于澳大利亚新南威尔士州的帕克斯天文台（Parkes Observatory）[2]，到位于美国西弗吉尼亚州绿岸的美国国家射电天文台，最后来到波多黎各的阿雷西沃射电望远镜。与大耳朵射电望远镜扫描整个天空不同，凤凰计划瞄准了 800 颗与我们邻近的类太阳恒星，在

---

1. 如果你还没看过电影，我建议你赶紧补上。电影基于卡尔·萨根的小说，朱迪·福斯特扮演一位 SETI 研究者，收到了一个外星信号并遇见了马修·麦康纳（Matthew McConaughey）。两者当中更值得信任的是外星人。
2. 因作为阿波罗 11 号月球漫步时的主接收天线而广为人知，在电影《天线》（The Dish）中被夸张地漫画化了。

宽广的无线电频率范围内聆听数十亿个窄通道。

　　可惜，这项轰轰烈烈的搜寻计划的结果是零：连一个外星信号都没有。这表示我们在宇宙中是孤独的吗？并不是。正如吉尔·塔特在最近一次采访中指出的："我们有如在大海捞针。"让我们用具体的数字来说明。如果在我们银河系的2 000亿颗恒星中包含1万个可交流文明，我们至少需要在寻找1 000万颗恒星后才会有所斩获。到目前为止，我们搜索的恒星数量仅为微不足道的1万颗，而且我们只是在找某种特定的信号，一种我们从1950年开始就使用的信号；另外，我们所用的工具只有射电望远镜。所以没有信号不代表不存在，这只是说明我们住在深山老林之中。谁知道呢？对于"星际联邦"（Intergalactic Federation）来说，也许我们就是住在某个自然保护区之中。

　　显然，研究尚未走到尽头。感谢微软联合创始人保罗·艾伦（Paul Allen）的慷慨捐赠，SETI在21世纪前10年末期终于有了自己的专用射电望远镜。位于北加州帽子溪射电天文台（Hat Creek Radio Observatory）的艾伦望远镜阵列（Allen Telescope Array, ATA）看起来有些离经叛道。在这里，望远镜并非传统的一口大锅的造型，而是由数量众多的6米碟形天线组合而成。这个望远镜阵是用复杂的电子元件打造出的功能更强大的仪器，能够以极高的分辨率在更宽广的射电波段范围内搜寻更广阔的天空。在当前阶段，ATA有42个碟形天线，未来将发展至 350 个。

ATA 有三个激动人心的目标。第一，它准备搜寻 100 万颗邻近恒星的微波窗口（1～10 吉赫），以寻找人造信号。因此，如果有任何距离地球 1 000 光年以内的外星文明在向外广播射电信号，我们就将发现它们。第二，ATA 会对开普勒空间望远镜已经找到的那些系外行星进行相同的搜寻工作。第三——注意了——ATA 将对银道面（Galactic Plane）内的 400 亿颗恒星进行搜索，以探测氢线附近是否存在强烈的人造信号。我不知道你是怎么想的，但我觉得联合国是时候制定一个外星人预案了。

跟随甲烷的脚步

回到咱们的联合国之旅。马兹兰·奥斯曼和我刚刚结束了午餐，实际上，我们已经聊很久了，服务员都在想我们是不是打算再来一顿。我们不知怎么就聊到了高等物种的形式这个话题上，以及他们是否会真的对物质宇宙产生兴趣。[1] 就像马兹兰所提到的，当你能够搭建虚拟世界的时候，为什么还要大费周章建造宇宙飞船来拜访新世界呢？这也是对费米悖论的一个回答：我们之所以看不到外星人，是因为他们都在玩九维的俄

---

1. 我 9 岁儿子就是一个活生生的例子，他在电子游戏《我的世界》（*Minecraft*）中建造虚拟世界所花的时间比他在后花园挖洞的时间要多。

罗斯方块。

SETI 的梦想是接收到一条我们能理解并回应的地外文明信息，但我们有可能与演化程度比我们高得多的物种发生交流吗？"我和你都需要这个，"马兹兰敲着桌子说，"我们的存在有赖于真实的物理世界。当我不再需要物质世界，我将是什么？也许最纯粹的生命形式是能量。"

我开始担心会不会有人偷听我们的谈话然后呼叫保安。难道她不担心这种闲谈在某种程度上是不够专业的吗？"当人们不愿谈论外星人时，我觉得他们是错失了一个很好的契机。我希望聆听人们的真实想法。如果这个话题吸引了他们并使他们参与进来，对你来说也没有损失吧？因为，这样我们就可以问自己：'何为真实？'接下来的讨论就变得有意义起来了。"

所以要怎样做，才会让某个成员国把 SETI 议题带去联合国？需要怎样的铁证才能说明存在可交流文明？显然，信号将是决定性的。但其他证据呢，比如潜在宜居行星的数量？毕竟开普勒空间望远镜向我们展示了银河系中的行星至少和恒星数量相当。此外，那些行星并不只是围绕类太阳恒星运行，它们无处不在：它们可能围绕着红矮星、双星或脉冲星运行，甚至它们本身就是无依无靠的流浪行星。既然地球上那么多地方都存在着生命，那么对掌握了先进技术的智慧文明来说，适应这些行星环境岂不是小菜一碟？我们需要怎么做才能吸引人们的注意呢？

"你需要找到生命。细菌生命。"她说的是在火星上吗？毕竟 NASA 的好奇号火星车已证明火星一度存在宜居环境。"或许吧。火星离地球很近，生命可能在两颗行星间转移。"她说得有道理。我们在下一章会看到，越来越多的证据表明，火星，注意不是地球，存在促使生命开始所需的化学催化剂。该理论认为，火星上有了微生物生命后，微生物会通过陨石被带到地球上。如果事实确实如此——这是一个过于大胆的假设——火星生命就和地球生命同属一个谱系，我们又会回到最初的起点。所以我们还能去什么地方寻找呢？

"土卫六是个不错的地方。那儿有甲烷海洋，有大量碳，这是组成我们身体的元素。如果我们在土卫六找到了微生物生命，我们就证明了生命的确是广泛存在的。"你应该还能想起来，土卫六是土星最大的卫星，在那里甲烷海洋拍打着沙滩，甲烷云从充满氮气的空中掠过。土卫六会是某种完全独立的微生物的生命家园吗？

如果土卫六让我们失望了，我们还有木星的冰卫星们。木卫二的冰层之下有液态水海洋，它的大气中富含氧气。此外，人类尚无针对土卫六的探测计划，但欧洲航天局将于 2022 年发射木星冰月探测器（JUpiter ICy moons Explorer，JUICE），届时探测器将会飞掠木卫二。也许，微生物就潜伏在木卫二的热液喷口深处呢？好奇号已证明火星曾经是宜居环境，而木卫二正处于宜居状态。

维也纳搭车客指南 [1]

　　成为一名好访客的艺术就是知道自己应该在什么时候离开，而我身上的每一根纤维都在提醒我，好几个小时之前我就该这么做了。马兹兰问我当天在维也纳还有什么别的安排，我如实回答：买个冰激凌，然后在维也纳老城溜达一圈。她是什么安排呢？就在那时，我好客的主人承认自己今天休息。这令我非常感动。有时候即便是我付钱，也没什么人会来陪我打发时间，更别说他们本可以选择大白天翘着脚在家里看电视。当她要离开办公室时，她说她回家时正好经过老城，不如给我指个路。

　　接下来我们就搭乘电车环绕维也纳老城，漫步歌剧院，拜访了奥地利国会大厦和自然史博物馆，当然不一定是按这个顺序。等我真正搞明白了方向，我们在人民公园（Volksgarten）清爽的绿荫下闲逛，那里只有四个安静地骑着赛格威（Segway）[2]的美国游客。人民公园的另一侧是英雄广场（Heldenplatz），眼前的建筑物就像是四个白金汉宫拼接而成的。

　　我了解到，这是霍夫堡皇宫（Hofburg Palace），曾经是哈布斯堡王朝（Habsburgs）的堡垒，今天仍然是奥地利总统的官邸。马兹兰告诉我，这里也是奥地利国家图书馆所在地。我

1.　标题原文呼应科幻小说《银河系搭车客指南》。——编者注
2.　一个美国电动平衡车品牌。——编者注

们穿过英雄广场，经过两座凶猛的雕像，它们均为军事英雄驾驭战马的形象。[1] 通常这种在同一处历史遗迹颂扬战争和学习共存的景象不会对我造成冲击，但当时的心理状态让我不禁联想，当外星星际舰队看到这些会做何感想。

马兹兰带我进了图书馆，在那里我们看了华丽的大理石柱、细致的壁画和古希腊雕像，然后我就有了那一天第二次灵光一闪的时刻，但这一次没有那么尴尬，是很有见地的一个观点：文化才是关键。在德雷克方程中，它只是其中的一个数字，一个文明可被探知的时间长度。但文化不仅仅是文明的黏合剂。一旦我可以在书上写下一些东西，我就不再需要记住它。雕像告诉我们，英雄虽已逝去，但对他们的纪念不会停止。文化是我们在我们自身之外储存信息的方式，是从物理世界到虚拟世界的飞跃。

我仰望霍夫堡皇宫的拱顶，看到一幅巨大的圣经壁画。我想起在我们讨论高度演化物种可能的模样时，马兹兰说的话："也许上帝是外星人。他在我们心中。他是纯粹的意识。"

---

1. 后来我了解到，他们分别是奥地利历史上两位杰出的军事领袖：奥地利的欧根亲王（Prince Eugene of Savoy）和卡尔大公（Archduke Charles）。欧根亲王为哈布斯堡王朝在 17 世纪击败了土耳其人，而卡尔大公 —— 他是哈布斯堡王朝的王室成员 —— 曾于 1809 年击败了拿破仑。

第四章

宇　宙

　　本章中，作者复习了天体物理学知识，构建了一个袖珍宇宙，并发现，如果宇宙以其他的形式生成，我们将不会存在。

　　事情逐渐明朗了起来。从 20 世纪中叶开始，外星人搜寻者分为了两大阵营：UFO 爱好者，这些人绝对不是科学家；SETI，一群货真价实的科学家。不用猜就知道我支持哪一边。在我看来，讽刺的是到目前为止 UFO 占据的新闻版面更多。我打赌大部分人听过罗斯威尔事件，但鲜有人了解 Wow! 信号。目前，SETI 的搜索成果还是一片空白，但考虑到我们所搜索的恒星数量微不足道，这样的结果无可厚非。感谢 NASA 的开普勒空间望远镜，未来我们的搜寻方向会更明确。

　　开普勒 186f 的发现表明，SETI 最重要的其实是时机。开普勒 186f 距离地球 500 光年之遥，如果我们今天接收到一个信号，那只能是开普勒 186f 上的文明在 500 年前发送的信号，而且他们的发射器的能力还要是目前地球最强大的发射器能力的 10 倍。我们知道，文明间是有可能通信的，因为我们就在这里。但说到我们的邻居能被我们探测到，他们需要在过去某个特定时间发送信息，以便我们现在截获这些信息。当然，所有的一切都体现在德雷克方程中，但缺少一个真实的例子使其成为焦点。

这是显而易见的，反过来也是一样。如果我们给我们的邻居发消息，我们需要时间让信号穿越银河系。如果我们希望那些信号能到达数百万颗行星，就要让信号足够强大。回想当年，我们的电视信号就是通过强大的发射机传送的。例如，1975年首次播出的《弗尔蒂旅馆》（Fawlty Towers），到现在也仅仅传播了35光年。但另一方面，像《办公室》（The Office）这样的剧集，外星人可能永远都看不到。因为后来我们或是通过有线电视、卫星转播，或是通过DVD来观看，这些方式都不会释放无线电信号。如果你仔细回想，我们用无线电传播的时间前后不过数十年。[1]

就算我们真的很幸运，捕捉到一个相当于我们20世纪科技水平的外星文明发出的信号，如果我们之间的距离是1 000光年，这个信号还是没有任何意义。无论是射电波、激光还是经调制过的宇宙射线，没有信号的传播速度能超过光速，因此我们每发送一条消息，都要至少等上2 000年才能收到回复。就算弗兰克·德雷克的猜想是正确的，即文明的平均持续时间

---

1. 如果我们碰巧捕捉到外星世界的广播信号，我猜画面是一屋子观众还有多台摄像机。

是 1 万年，我们大概也只能有以下的对话：“您好，生命的奥秘是什么？”……“非常感谢，晚安。”

　　要想做到真正的沟通，我们的邻居必须离我们足够近。好消息是，我们的邻居可能真的离我们很近。开普勒数据显示，我们发现超过 1/5 的类太阳恒星拥有类地行星。这表示，最近的一颗类地行星与我们的距离可能仅为 12 光年。是不是意外地接近？我们总是在遥远的星系中淘金，却未曾想过，原来它们一直就在自家后院。也许距离我们最近的 M 型恒星比邻星（Proxima Centauri）就是某一颗类地行星的母恒星？如果是这样的话，他们很有可能接收到《办公室》。实际上，他们当中可能就有人出现在剧集中。[1]

　　开普勒望远镜使我们很好地估算了类太阳恒星拥有类地行星所占的比例，这对德雷克方程的数学分析来说非常重要。现在我们需要知道能出现生命的类地行星所占的比例。幸运的是，这个星球上生命起源的非凡故事为我们提供了重要的线索，我们可据此在银河系中展开搜寻。我不得不再次指出，你阅读这本书的时机恰到好处。我们对地球生命的了解在过去几年中取得了非凡的进展；事实上，许多杰出的天体生物学家开始怀疑生命是否真的是基于地球产生的。

1.　我一直觉得瑞奇·热维斯（Ricky Gervais）的突然出现相当可疑。

那件疯狂的小事叫生命

正如其他伟大的事业一样，地球上的生命故事基本上是一次分为上下半场的比赛。在上半场，起初一个极小的宇宙在一种不可思议的致密能量中发生大爆炸而诞生，随后迅速暴胀，之后稳定下来，进入缓慢膨胀阶段，最后冷却并形成恒星和星系。[1] 而在下半场，地球诞生并形成了大气层，受到含水彗星撞击，从而形成了海洋。生命出现了，起初是单细胞微生物，随后发展成多细胞生物[2]，并进一步演化为像你我这般复杂的生物。问题就在这里。在上半场，比赛的天平偏向了生命一方，而在下半场，一切都得靠运气。

要想弄明白我在说什么，让我们来看看故事上半场都发生了什么。我们常说地球是一颗"金发姑娘"（Goldilocks）[3]行星，因为它就像熊妈妈的那碗粥，既不太烫，又不太凉，温度刚刚好。具体到地球来说，"刚刚好"就是地球到太阳的距离

---

1. 事实上，近 10 亿年宇宙正在加速膨胀，这是由一种叫作暗能量的神秘物质导致的。稍后会详细说到。
2. 如果组成生物的细胞多于一个，那么这种生物就是多细胞生物。一个细菌细胞链也是多细胞生物，但一个群落不是。多细胞体已经独立演化了近 50 次，至少有 15 亿年的历史。另一方面，复杂生命——一种特殊的多细胞生命，细胞组合成组织，组织又形成器官——已存在了约 5.75 亿年。可以认为复杂生命经历了六次演化：红藻、褐藻、绿藻、真菌、植物和动物。
3. 美国童话角色。在童话里，金发姑娘在森林中闯入了三只熊的家，在分别尝试了它们各自碗里的粥、各自的椅子和床之后，发现只有一个"刚刚好"。因此，Goldilocks 也含有"适合"的意思。——编者注

恰到好处，从而拥有液态水构成的海洋。实际上，我们所说的"宜居带"概念就用来描述轨道带的范围。当行星轨道落在这一区域时，既不会因距离母恒星太近而使水分蒸发，也不会因距离母恒星太远而使液态水凝固。

但实际上，适合生命存在的不仅仅有地球。回顾宇宙的历史，你会发现几乎所有事情都朝着生命诞生的方向发展。看看这些：宇宙的年龄、质量、膨胀速率、团块结构以及宇宙中四种基本力的相对强度，都非常精细。稍微改动任何一个参数，都将导致生命不复存在。其实，我们并不是生活在一个恰好宜居的行星上，而是生活在一个恰好宜居的宇宙中。

宇宙简史

让我们温习一下我们所掌握的宇宙学基本知识，看看我们的宇宙究竟有多么特别。第一，没有人知道宇宙的真实大小，它可能是无限的，它的取值可能是一个无限数 —— 我们不知道。但有一件事情我们可以肯定：宇宙的年龄是有限的。据欧洲普朗克卫星（Planck Satellite）的最新数据，宇宙年龄为138亿年。相比之下，我们银河系的年龄是132亿年；地球还要年轻得多，年龄仅为45.5亿年。

宇宙的年龄有限，意味着我们通过望远镜观看到的宇宙是有限的，因为这也是宇宙中最古老的光线的年龄。在我写这本书的时候，已知最遥远的天体之一是一个编号为 UDFj-39546284 的星系。我们看到的光线是这个星系在大爆炸后 4.8 亿年发出的，[1] 这些光线传播到地球上所需的时间超过 130 亿年。这简直比药剂师从你手中接过药方之后找药的时间还要长。

当然，有限的年龄也暗示了宇宙有一个起点，我们把这个起点叫作"大爆炸"（Big Bang）。这其实是 20 世纪英国天文学家弗雷德·霍伊尔（Fred Hoyle）创造的一个嘲讽词，因为他本人是与大爆炸相对立的稳态理论（Steady State theory）的支持者。虽然霍伊尔略带嘲讽，[2] 但最后，大爆炸理论经受住了时间考验。我们可以从遥远星系和超新星的红移中很容易地判断，宇宙正在膨胀。如果我们按时间倒推，这意味着宇宙一定开始于一个起点。宇宙学家把这样一点诗意地称为奇点（singularity），因为所有已知的物理定律在这里都会失效。

如你所知，宇宙膨胀可以分为四个阶段。大爆炸之后立即是一段短暂、缓慢而稳定的膨胀期。第二阶段被称为暴胀（inflation），持续时间极短，仅从大爆炸后 10^{-36} 秒到 10^{-32} 秒。[3] 第

---

1. 由哈勃空间望远镜（Hubble Space Telescope）于 2011 年 1 月发现。UDFj-39546284 位于南天星座天炉座的一小片天区中，即著名的哈勃超深空场（Hubble Ultra Deep Field）。

2. 我要指出，霍伊尔本人声称对膨胀宇宙理论并无敌意。你来评判下。

3. 请注意：有些人把"大爆炸"和"暴胀"看作同一件事情。在这里并非如此。本书中的"大爆炸"指的是宇宙的开端，而暴胀是紧接着发生的事情。你要形成相应的概念。

三阶段大约持续了 130 亿年，这一阶段也是缓慢而稳定的。第四阶段大约持续了 10 亿年，宇宙在这段时间内加速膨胀，似乎某种排斥力战胜了引力。[1] 这也是我们幸运地发现自己的时代。

有些人担心太阳的燃料会耗尽，据预测这种事情会发生在 50 亿年后，但我倒不担心这一点。我担心的是宇宙的快速膨胀。遥远的星系正在以越来越快的速度远离我们，这意味着，它们远离我们的速度在数十亿年内就会达到光速。到那个时候，它们就会从我们的望远镜视野中消失，只留下一片黑暗。即便是最邻近星系的结局也是如此，恒星将一颗一颗从我们的视野中消失。希望这没有引发你的幽闭恐惧症。如果太阳死亡了，我们可以移居到另一颗星球上，但搬到另一个宇宙就完全是另一回事了。

不管是什么引发了这种空间的膨胀，我们给它取了一个名字：暗能量。许多宇宙学家认为，这是空间本身的属性，并称之为真空能量（vacuum energy）。本质上，真空并不是空无一物，而是包含许多虚粒子（virtual particle）。顾名思义，它们的存在时间不会太长。例如，一个电子和正电子会在虚无中自发地出现，四处游荡，然后相互碰撞湮灭。听着像是无稽之谈，量子理论的观点认为，只要时间足够短，你就能借用任意大小的能量。但问题是，所有虚粒子引起的宇宙膨胀速度应该

1. 证据来自遥远的超新星，它们都在加速远离我们。

远远大于我们看到的结果。实际上，理论值是实际值的 10^{120} 倍，这种巨大差异在宇宙学界被认为是"物理学史上最差劲的预测"。

第二，我们并不完全清楚宇宙主要由什么构成。概括地说，我们发现，如果邻近星系仅仅由恒星、气体、尘埃等普通物质构成，那么它们的自转速度未免也太快了。我们把宇宙中那种不可见的物质称为"暗物质"，不管暗物质实际上是什么，它都能够对普通物质产生引力作用，但也仅限于此。按照目前最合理的推测，我们认为它是某种尚未被发现的大质量中性粒子。目前主要的候选者是一种理论上的粒子，被称为中性微子。然而，尽管目前全球有数千名科学家进行着大量的探测研究，但尚未有人捕捉到哪怕一个中性微子。[1]

不管暗物质是什么，它都是主宰。说出来你可能不信，元素周期表上普通物质只占宇宙总物质的 15%，其余 85% 的物质都是"暗"的。一些理论学者另辟蹊径，认为暗物质不一定是某一种粒子，而可能是多种粒子的集合。这样一来，就会存在暗黑洞、暗行星乃至暗生命，但鉴于我们还没发现哪怕一种暗物质粒子，给这种理论下判断为时尚早。

第三，尽管诞生于混乱的熔融火球中，普通物质和暗物质

1.　如果你听说过超对称性，你大概会有兴趣了解，弱规范玻色子和中性微子互为超对称粒子。像其他的规范玻色子一样，例如新发现的希格斯玻色子，中性微子也是其自身的反粒子。

都具有非凡的结构。一环套着一环，行星围绕着恒星，再一起组成星系，星系组成星系团，进而形成丝状结构。我们能根据现在的结构倒推过去的结构。实验宇宙学的成就之一就是将恒星与星系的结构回溯至原初火球时期，那是大爆炸发生后 38 万年。

这里需要用一两句话来解释。你应该还记得，宇宙微波背景辐射是大爆炸的余晖，它是在暴胀发生后 38 万年，中性原子形成时得以释放的。它的能量在那个时候处于极高能状态，想象一下 X 射线和伽马射线——但随着宇宙膨胀，它冷却并变成了微波。

当形成中性原子时，宇宙微波背景辐射和宇宙的其余部分达到热平衡，因此宇宙结构表现出由温度差异而形成的团块状结构。然而，回到 1988 年 10 月，那时我开始学习宇宙学课程，当时科学家在微波背景中寻找温度差异的尝试都失败了。如果团块结构确实存在，对于当时最好的望远镜来说，这种结构还是过于精细了。

终于，我们所寻找的东西被 NASA 于 1989 年 11 月发射的宇宙背景探测器（Cosmic Background Explorer, COBE）找到了。宇宙微波背景辐射的温度差异非常微小，但确实存在。COBE 团队因这一发现而获得了 2006 年的诺贝尔物理学奖。我们总算了解到：原初火球并不是光滑的，而是疙疙瘩瘩的。更重要的是，正如暴胀理论所预测的那样，结块的程度为

1/100 000。[1]

　　和往常一样，宇宙学中仍然存在着问题。根据暴胀理论的预测，在比丝状结构更大的尺度上，不存在团块结构，宇宙学家称之为"浩瀚界限"（End of Greatness）。有趣的是，似乎没有人和宇宙沟通过这种说法。随着我们的望远镜的观测能力不断被改进，更巨大的结构浮现出来了。

　　一个被称为斯隆长城（the Great Sloan Wall）的丝状结构曾是已知最大的结构，它的跨度达 10 亿光年。但是，最近天文学家发现了武仙-北冕座长城（Hercules-Corona Borealis Great Wall，HCB GW），它的尺度是斯隆长城的 10 倍。而且，这不是一个孤立的结果。据普朗克卫星的最新数据显示，宇宙的一半比另一半有更多的物质，这表示宇宙中还有更大的结构尚未被发现。我们开始觉得，每当我们扩大搜寻空间，我们就会发现更大的结构。

　　然而，尽管这些天体无疑是令人印象深刻的，但在星系尺度上的宇宙才有一种神圣之美。我们盘状的银河系就是一个绝妙的例子。一个由氢气、尘埃和恒星组成的巨大漩涡，围绕着一个超大质量中心的黑洞旋转。在它的旋臂之中，随着浓厚的尘埃云在自身引力下坍缩，形成了大小不一的恒星。[2] 在恒星

1.　基本的观点是，大爆炸后微观宇宙的密度的量子涨落被暴胀放大。
2.　如果只看普通物质，的确就是螺旋状。如果我们只看暗物质，其形状会呈球状，球的中心是一个超大质量的黑洞，银河系明亮的旋臂则位于球的赤道面。

内部，新的原子正在生成。

　　毫无疑问，恒星越大，温度就越高，它的燃烧速度也越快，就能生成更大的原子。稍小的恒星，例如我们的太阳，只能制造相对轻的元素，但最大的恒星能够制造出元素周期表中一直到铀的所有元素。在它们的生命尽头，这些热核"压力锅"发生爆炸，即我们常说的超新星。新鲜的原子如雨点般喷射在周围的气体中。

　　如果上述气体在引力作用下坍缩，形成新的恒星，那么其中一些原子就会在引力作用下聚集，形成小行星、卫星和行星。我们的太阳就是一个例子。在太阳内部，氢燃烧并生成氦；在太阳外部，行星环绕其周围，由近到远依次是岩质行星、小行星带、气态巨行星和冰巨行星。想想就觉得很不寻常，其实一切围绕太阳的物质都是一颗古代超新星的遗迹。这颗行星、这本书，以及你，都是星尘。

口袋宇宙

　　你大概会觉得，这一切很好，但和生命又有什么关系呢？如果宇宙的年龄不是 138 亿年，而是一个无限大的数字，会有什么不同吗？如果我们从暗物质中体验到的只是引力作用，我们就不能没有它吗？星系的大小或者恒星是否生成新原子，这些事情真的有那么重要吗？

有趣的是，上述问题的答案分别如下：有很大关系；一点也不一样；是的，从很大程度上来说；以及，你最好相信是很重要的。为了理解我的意思，我们要模拟一个宇宙，然后开始捣鼓它。如果你愿意接受这一事实：你正在阅读这本书，则需要稳定的恒星，丰富的氢、碳、氮、氧，以及少量的磷，并且有足够的时间发生演化……那么，接下来你也许会感到震惊。

试一试

要想体会我的意思，请想一想最神秘的力量——引力。在日常生活中，它就像一个碍事的家伙，早晨把我们按在床上让我们起不来，在健身房里让我们筋疲力尽，把美味的吐司面包丢在厨房地板上，涂了黄油的那一面还朝下。当年看人类登上月球的一大乐趣，就是能看到 NASA 的宇航员自由漫步，大步流星地在月球表面跳跃，虽然他们像木乃伊一样裹着水冷服，背着衣柜般大小的背包。

不过与自然界其他的作用力相比，引力就显得极其微弱。例如，一个氢原子由一个质子及一个围绕质子的电子构成。这当中有两种作用力：一种是电磁力，表现为带负电荷的电子与带正电荷的质子相互吸引；另一种是万有引力，表现为质量大的质子对质量小的电子的吸引。令人们感到意外的是，引力作用比电磁力作用弱得多，后者约为前者的 10^{36} 倍。既然引力如此微弱，那么也许我们可以完全不需要它？

但请注意：没有引力，就不会有生命。为什么？因为宇宙将不复存在。自 20 世纪中叶以来，我们了解到，所有的一切始于大爆炸，从一个比原子小得多的微小火球暴胀而来，随后冷却才形成我们今天所见的由普通物质、暗物质和暗能量组成的巨大混合物。换句话说，从最开始的一无所有到如今的包罗万象，宇宙囊括了以各种形式存在的巨大能量。

那么，这些能量从何而来？如何才能无中生有？引力就是我们的最佳答案。广义地说，我们认为宇宙中所有物质的"正能量"与它们引力的"负能量"平衡，所以宇宙的总能量为零。因此，暴胀理论的创始人、美国物理学家艾伦·古思（Alan Guth）描述宇宙是"终极的免费午餐"。

若不能从引力中借用能量，宇宙将永远不会有起点。但这本身并不能决定产生一个能够承载生命的宇宙需要多强的引力。有趣的是，如果引力更强一些，生命就不会存在了。感兴趣吗？那就请接着读下去，坦率地说，这还不算什么。

开箱即用

接下来，我们来玩一个游戏。让我们想象自己是一种超级生命，在圣诞节的时候收到了一份礼物——一个我们自己的宇宙。这是一个半米见方的空玻璃盒子，被放置在一个木制的底座上。它有一排控制键，一个相当于重置键的绿色按钮，以及一个能引发大爆炸的红色按钮。不用去找电池在哪里，它不需要这些东西，因为宇宙是免费的。

首先，所有控制键都是预先设定好的。如果我们按下红色的开始按钮，我们将看到，宇宙在一次明亮的大爆炸后出现，紧接着迅速暴胀，随后继续膨胀并冷却，产生恒星和星系。如果我们的目光足够敏锐，就会注意到，宇宙在膨胀的最后 1 秒时（一共 13.8 秒）速度加快了。[1] 之后，所有一切停止了，宇宙维持现在的状态。如果把房子里的灯关掉，我们就能观测整个宇宙，它的中央是室女座超星系团。室女座超星系团的中央是太阳，而地球围绕着太阳运行，不过这些细节在这种小比例尺下看不到。

好的，现在我们来找引力控制键。它在最左边，挨着另外三大基本力控制键：电磁力、弱力和强力。[2] 马上，我们就能看到有什么事情发生了。强力控制键是线性标度，设定为 1，而其他三种力的标度是 10 的次方。设定电磁力是 –2，弱力是 –6，引力则是 –38。[3] 如果我们按下绿色的重置按钮，再点击几下引力控制键减小引力，然后再次按下红色按钮，重启宇宙，会发

1. 也就是说，作为超级生命，我们的 1 秒钟相当于人类的 10 亿年。
2. 四大基本力中，我们每天能够接触到的只有引力和电磁力。强力和弱力作用的距离短得多，它们在原子世界中占据统治地位。
3. 故一如之前所述，电磁力强度是引力的 10^{36} 倍。

生什么呢？

令人惊讶的是，我们眼前的场景更加宏伟，也更适合生命。我们看到大爆炸的微弱闪光，随后是暴胀，这些与之前一样。第一批恒星形成所花费的时间更长，但它们形成后相当巨大。它们又一次变成超新星，向周围喷射元素周期表中的元素。星系的形成速度也更慢了一些，同时星系会变得更大，星系内的恒星寿命也更长。这对于像我们的太阳这样的稳定耗氢恒星来说尤其方便。点击引力控制键，调低三档，到 -41，恒星的寿命得以延长，给演化一次又一次地提供了足够的时间。

换句话说，对于生命而言，较弱的引力是一件好事。那如果增强引力会发生什么呢？我们调高四档，到 -34，再按下红色按钮，看看会发生什么。这对生命来说就是一场灾难。生成恒星、行星、星系和黑洞所需的物质更少。与正常的宇宙对比，星系更加迷你，形成速度也更快，更迷你的恒星也更密集，还时常会出现捕获其他恒星的行星的现象。恒星的平均寿命降低了，只有 1/100 秒。即便有的恒星能够捕获到行星，生命也没有足够的时间出现。强引力意味着不能出现生命。

棉线结

好了，我们把玩了一番引力。如果我们调整早期宇宙的团块结构的话又会发生什么呢？现在我们要找到另一个旋钮 Q，这个旋钮可以控制原初火球的密度变化。与电磁力、弱力和引力的旋钮类似，旋钮 Q 也是对数标度，我们设置为 –5。[1] 现在我们调整旋钮，在模型上放大，点亮暗物质，同时按下慢放键，这样我们可以清楚地看到整个过程。

首先，当我们放大后，我们会看到，密度的变化从量子涨落的形式开始，随着宇宙的膨胀被放大。在接下来的 0.4 秒内——对应于真实宇宙中的 4 亿年——一团又一团的暗物质形成，并且越来越稠密，氢和氦也落入这些暗物质团中。最终，普通物质的密度变得如此之大，以至于在自身的重力下坍缩，形成第一代恒星，照亮宇宙。

有些恒星的质量是我们太阳的数百倍，当它们爆炸成为超新星时，向周围喷射出你能想到的每一种化学元素。它们核心的剩余物质坍缩，形成一个黑洞，并继续将物质和暗物质拉向漩涡中央。随着黑洞的质量变得越来越大，漩涡就成了一个星系。[2] 星系孕育着一代代恒星和行星。

---

1. 换句话说，该火球各处的密度差异为 $1/10^5$。
2. 宇宙学家称这些第一代恒星为星族Ⅲ恒星。显然，称其为星族Ⅰ恒星会更加合理，但星族的命名顺序是基于发现顺序，而不是演化的顺序。我们已经找到了星族Ⅰ恒星（年轻且富含金属，例如太阳）和星族Ⅱ恒星（年老的贫金属恒星，例如位于银河系中心凸起部分的恒星），而目前星族Ⅲ恒星仅有理论依据。所有人都在翘首期待韦布空间望远镜能够有所突破，发现一颗星族Ⅲ恒星。

Q 大道 [1]

好，这就是我们生活其中的宇宙，它挺安全的。现在我们来履行一项只有超级生命才能完成的使命，让我们调整原始火球的团块结构，看看这将如何影响宇宙的进程。我们先把 Q 值调低，至 $1/10^6$，看看会发生什么。

变化是显著的。当我们按下红色按钮后，首先看到的是大爆炸的闪光，随后是暴胀，之后是一片黑暗。原初火球过于细密均匀，以至于任何部分都无法在自身引力作用下坍缩。膨胀获胜。最终，我们再一次得到了稀薄的氢、氦和暗物质粒子。没有恒星，没有行星，也没有星系。又是一个毫无生气的宇宙。

如果我们把 Q 值调高呢？会像我们调低引力时那样出现耀眼的巨大星系吗？并没有。如果我们将 Q 值调至 –4，重新启动，在第一秒内，大量暗物质就会凝聚在一起，形成比整个星系团质量还要巨大的气体团块，并在引力作用下迅速坍缩，形成真正无法逃离的黑洞。我们可不想生活在这样的世界。

强　力

现在，我相信你对这个图景已经有了一定认识。在我们继

---

1. 标题原文 "Avenue Q"，是百老汇著名音乐剧。曾以《Q 大道》为名引进中国。——编者注

续之前，我想多说一句强力。没有强力就不会有原子，因为强力的作用就是使质子结合在一起，从而形成原子核。强力在两处发挥作用：一是在大爆炸期间，此时形成锂和氢等轻质元素的原子核；二是在大质量恒星的内部，其他元素都在这里诞生。

这听上去非常简单，你大概会认为，既然强力是一种吸引力，只要质子间的距离足够近就好。但这里有个复杂的问题。质子都带正电荷，这使得它们相互排斥。当强力使原子核中的质子相互吸引时，电磁力又会使它们相互分离。实际上，原子核如何设法存在是 20 世纪早期的一大物理学难题。

"很简单嘛，"你大概会说，"只要原子核中两个质子间的强力大于电磁力就行了。"不过这也不是解决问题的方案。我们发现，强力并不足以将两个质子束缚在一个原子核中。相反，电磁力会占上风，两个质子将被迫分开。那么，原子核稳定存在的原因究竟是什么呢？

解决方法非常巧妙。我们需要一种中性粒子，它的质量与质子相当，也受强力支配，但不带电荷。这种粒子就是中子。这些温和的和平主义者就是让原子核保持完好的黏合剂。中子受强力支配，但不带电荷，这样它们就不会被带正电荷的质子排斥。例如，由一个质子和一个中子组成的氘核是稳定的，含有两个质子和两个中子的氦核也是如此。[1]

―――――――――

1. 你应该还记得，我们把一个原子核中含有的质子个数称为原子序数 Z。质子数和中子数的总和则是原子质量数 A。质子数相同但中子数不同（转下页）

请下注

　　好了。考虑到这一切，让我们来拧一拧模型宇宙中控制强力的旋钮，看看会发生什么。我们先把数值调高一些。如果增加质子和中子间的吸引力，原子核会更容易形成吗？元素周期表中的元素越多，产生的化学反应以及由此产生的生命就越多样吗？

　　真实的情况恐怕并非如此。将强力增加 10%，到 1.1，按下红色按钮。我们又看到了大爆炸闪光，半秒钟后黑暗时代结束，第一代巨型恒星诞生并成为超新星。星系的形成同之前的一样。不过我们注意到，星系内部的恒星有些异样。它们的寿命非常短，在模拟宇宙中只能持续 1 毫秒左右。这么短的时间不足以演化出生命。更糟的是，当我们放大查看行星和小行星时，我们没有发现水的存在。发生了什么？

　　答案就在大爆炸中，但我们错过了。关键在于，当我们增加了强力后，质子成对地出现，形成一种新的不含中子的氦同位素（^{2}He）。也就是说，我们创造了一个没有氢的宇宙。恒星中的氢燃烧需要时间，而现在它烧得快了。另外，没有氢和氧反应，也不会有水。也许这并不能排除所有的生命形式，但

（接上页）的原子称为同位素。例如，氕（P），氘（D），氚（T）都是氢的稳定同位素，分别含有 0 个、1 个和 2 个中子。在书写时，我们一般用元素名称代表其原子序数，并标示原子质量数以区分同位素。所以 ^{3}He 含有 2 个质子和 1 个中子，^{4}He 含有 2 个质子和 2 个中子。

无疑已经排除了地球上曾出现的所有生命形式。

那么，如果减小强力，又会发生什么呢？比如，降至 0.9？我们再次按下红色按钮，然后大吃一惊。我们先是看到了大爆炸的闪光，然后是第一代恒星短暂而剧烈的燃烧，但它们并没有爆发形成超新星，而是直接熄灭。星系像之前一样形成了，但当中的恒星也在短暂发光后陷入黑暗。无论何种大小的恒星，它们的寿命都很短。更糟的是，没有超新星产生的物质，也就不会出现行星。我们又创造了一个缺少生命的贫瘠宇宙。这一次是哪里出了问题呢？

答案还是在那个高温高压的原初火球中。强力的减弱意味着质子不会和中子结合，从而不能产生氢同位素氘（^2D），而这是合成氦（^4He）必需的粒子。缺少氘铺路，我们就像关闭了水龙头一样，阻止了核聚变，宇宙间只会有氢。没有其他元素，化学反应也就无从谈起了，更别说生命了。在引力作用下，恒星依旧会发光发热，但它们的核心缺少核聚变，这使它们在放热后迅速失去能量，冷却并变成黑洞。

这一切是不是发人深省？我们并不能在不影响元素周期表、化学反应和生命演化的前提下，将强力的强度进行哪怕 1/10 的调整。强力需要与电磁力竞争，这意味着我们也不能擅自调整电磁力的强度。为什么这么说呢？若降低电磁力的强度，^2He 就会稳定下来，这样一来大爆炸产生的氢会消失殆尽。而提高电磁力强度，则导致氘不复存在，整个宇宙中只会剩下氢。

被设计好的 [1]

如果以上这些都不能说服你，来看看这个首先由弗雷德·霍伊尔提出的说法：宇宙中所有比氢重的元素都是罕有的。原因是，在恒星内部发生聚变过程的早期阶段，存在另一个障碍。制造越来越大的原子核的最简单的方法是，从氦核开始不断增加质子。不过，这里有一个问题。如果我们往氦核加一个质子，我们会得到锂-5（^{5}Li），锂-5 会迅速衰变。如果我们合并两个氦核，我们将得到铍-8（^{8}Be），这也是一个不稳定的同位素。这也意味着，不能通过简单的方式得到具有 5 个质子的硼-10（^{10}B），或 6 个质子的碳-12（^{12}C），抑或 8 个质子的氧-16（^{16}O）。不过碳是丰度仅次于氢和氦的元素，氧次之。实际上，除了锂、铍和硼较为稀缺，接下来的元素直到铁都很常见。这又是怎么一回事呢？

一个可能的生成碳元素的路径是聚合三个氦核，即"3 氦过程"。但问题是，由两个氦核合并而生成的铍-8 并不稳定，它与第三个氦核碰撞，从而产生碳-12 的概率微乎其微。天才的霍伊尔提出，可能恰好存在一种共振，使碳在激发态下的能级恰好与铍-8 捕获另一个氦核时的能级对应。实验物理学家进行了相关实验，发现这种状态是真实存在的。

---

1. 标题原文 "A Put-up Job" 是引用弗雷德·霍伊尔原话 "宇宙是被设计好的"。——编者注

如果没有霍伊尔共振，那么恒星中就不可能生成碳元素 —— 而需要碳核捕捉另一个氦核才能制造氧原子核 —— 从而也就不会产生氧元素。除了在一些金属离子上稍有差异，地球上所有生命都包含以下几种元素：碳、氢、氮、氧、磷和硫。这几种元素恰好在宇宙中含量最丰富，这难道是巧合吗？强力改变百分之一，或者质子电荷改变几个百分点，都会导致霍伊尔共振消失。这时我们会在哪儿？我们将不存在。

意外写就的历史

我们该如何解释这种微调呢？它被写在物理定律中了吗？就目前来看，并没有。目前的物理定律还是一张白纸。物理定律告诉我们物理量之间的关系，但不是它们的绝对值。例如，牛顿的万有引力定律向我们展示了物体间的引力是如何随着距离的变化而变化的。距离增加一倍，物体间的引力将减小到原来的1/4。至于1千克物体在1米距离处会产生多少引力？牛顿没办法告诉你。要想知道结果，需要有人在某个地方进行实验，做一些测量，算出单位质量物体在单位长度下的引力强度，然后再代入牛顿方程。

物理学就是如此。例如，标准模型并没有预测基本粒子的质量，这也就是我们被希格斯玻色子玩得团团转的原因。我们只能从实验中得知粒子的质量。根据我们已经掌握的部分信息，我们能够给出希格斯玻色子的质量上限，但也仅此而已。同样，宇宙学中的广义相对论没有告诉我们引力的强度或宇宙学常数的大小。我们需要自己建造望远镜去一探究竟。

事实上，实验科学家在过去两个世纪中进行了卓越的工作，精确地测量了我们在自然界中发现的各种常数，使理论家得以继续他们的工作。不要觉得理论家们喜欢这样的处境。他们一直苦苦追寻的圣杯，是一种自身就能预测我们所身处的这个宇宙的理论。众所周知，这种难以捉摸的万有理论（theory of everything，TOE）一旦出现，会令科学实验人员在一夜之间失业。宇宙的每一个细节——包括暗物质粒子的质量、引力强度、电子所带的电荷——就像从魔术师的帽子里蹦出来的兔子一样，呈现在我们眼前。我们在解释事物时，不需要在这里运用量子力学，在那里使用相对论，所有的一切都是万有理论的某种特例。宇宙学和粒子物理学将是两幢竣工的大厦。

你可能会觉得，这太了不起了，不过我们还没走到那一步。我们的理论不能完整描述我们的真实宇宙，这其实一点都不意外，因为我们尚未看到完整的图景。我们所谓的"定律"实际上都是特例。例如，开普勒行星运动三大定律实际上是牛顿万有引力定律的特例，而万有引力定律又是广义相对论的一个特例。当我们拥有了真正的基础理论，我们就能真正详细地去描述。当我们做到这一点时，就会发现广义相对论也不过是某种尚未发现的万有理论的一个特例，就能在测量宇宙膨胀速度前运用理论预测出结果，而不是做事后诸葛亮。

对此也有人持不同观点。他们认为我们之所以不能预测基本常数，是因为它们是宇宙发展史的产物，而不是某个基础理论的特征。宇宙变成现在这样是偶然的，而不是被设计出来的。为什么我们要惊讶于引力在我们的宇宙是弱的？若引力变强，我们就不复存在了。或许也存在引力很强的宇宙，只不过那里没有人。宇宙是为了生命存在而被精密调校的，如果不是这样，我们就不会存在了。

赢了庄家的人[1]

这种宇宙被精密调校以适应生命生存的观点被称为人择原理（anthropic principle）。一些基本常数必须如此，否则我们就不会在这里思考它们为何如此。出于偶然，强力战胜了电磁力，从而产生了原子；而引力比较微弱，因此这些原子形成了恒星和行星。由于遥远的意外，某些行星上的原子恰好具有有趣的化学性质，其中至少一颗行星的环境引发了一系列特殊的化学反

1.　标题原文"The Man Who Broke the Bank"源自19世纪90年代一首英国歌曲"The Man Who Broke the Bank at Monte Carlo"。歌曲基于真实事件描绘了一位在蒙特卡洛大赌场里赢了庄家的赌客。——编者注

应，就像 Lady Gaga 横空出世一样。我们是幸运儿，就是这么简单。

有些人止步于此，他们满足于相信宇宙是彩票，我们的宇宙恰好就是开奖号码。另一些人——我也是其中之一——则不满意这个答案。对于我来说，既然宇宙是经过精密调校的，就需要进一步的解释。还有多少张彩票？在我们成功以前，有多少其他宇宙未能成功地创造出生命？

你们当中的哲学家无疑会指出，我正在滑向最古老的逻辑错误之一：因一场发生在摩纳哥的著名的赌博事件而得名的蒙特卡洛谬误（Monte Carlo fallacy）。据称，1913 年 8 月 18 日，蒙特卡洛大赌场里的轮盘连续 26 次开出黑色。有谁赢钱了吗？有的，赌场赚得盆满钵满。因为当轮盘连续 15 次落在黑色区后，所有人都开始押注红色。每次他们都提高他们的筹码，但每一次结果都是黑色。

所以赌徒们的逻辑在哪儿出了问题呢？简单来说，他们默认轮盘会以某种方式"知道"自己出现了多少次黑色，所以迟早会出现红色。当然，轮盘本身可没这本事，于是大家的赌注全部失败了。通过这次事件，我们得到的教训是，真正的随机过程对自身历史一无所知。

拿英国的彩票来说，每一期开奖前你可以在 1 到 49 间选 6 个数字。在一段短暂又折磨人的现场表演后，当期中奖号码会在电视直播中抽取出来。全部猜中 6 个数字赢得头奖的概率是 1/13 983 816。[1] 如果你之前失败了很多次，中奖概率会因此而变高吗？你大脑中的赌徒小人可能在说"是的"，但另一个冷静的基于概率的小人一定在说"非也"。桂妮薇儿（Guinevere）[2] 并不知道你之前玩了多少次，或者你的幸运号码是多少。你可能第 1 次就会赢，也可能第 999 次才赢。[3] 就算这星期你赢了彩票，下星期的中奖概率也跟以前一样多，或者说一样少。

那么作为类比，当我说一个精密调校过的宇宙是一次稀有事件，意味着此前存在大量没有精密调校的宇宙的时候，是否犯了蒙特卡洛谬误？这不就像是在说，"汉克（Hank）刚刚赢了彩票，他之前一定玩了好多年"？冒着自己打自己脸的风险，是的，我觉得两者是一样的。汉克中了一次奖并不意味着他过去一直玩彩票而且一直没中。不过话又说回来，我们不能排除这种可能性。如果我们凭直觉突击搜查汉克的家，然后找到一柜子揉皱了的彩票，我们也不会惊讶。

依我看，这正是我们在宇宙暴胀所找到的。在很大程度上（但不是全部），暴胀理论都在暗示我们，我们所处的宇宙只是

---

1. 选出中奖号码的概率 =（选中正确号码球的概率）×（六个数字的排列组合总数）=（6×5×4×3×2×1）× 1/（49×48×47×46×45×44）= 1/13 983 816。
2. 传说中亚瑟王的妻子，这里指英国的一种抽奖机。——译者注
3. "她"同样也不知道你选的数字。我不是说幸运数字没意思，幸运数字当然很有趣。但问题是 1、2、3、4、5 和 5、7、24、25、30（我家庭成员的生日日期）的中奖概率是一样的。仔细想想吧，我去街角那家小卖部买点东西。

一个更大的整体中的一小部分。也许大爆炸后,时空的某些区域暴胀的速度比其他区域更快,从而成为独立的宇宙气泡。也许我们所谓的宇宙只是其中一个气泡,而无边无际的宇宙中有着无数的气泡。我们的宇宙参数恰好适应生命存在,而其他许多宇宙中或许就没有生命。是时候接纳多重宇宙的概念了。

宇宙的拉伸纹

正如卡尔·萨根所言,非凡的观点需要有非凡的证据支撑。就多重宇宙而言,我们并没有人们所期待的高质量证据。不过我们没有原地踏步。我们已经有了证明暴胀的间接证据——同时也能间接证明多重宇宙的存在——在宇宙微波背景温度变化的精确大小上,暴胀理论十分准确地进行了预测。不过,真正具有决定性的证据,还是对原初引力波的探测。

为了理解什么是引力波,以及为什么引力波能够提供暴胀的证据,我将很荣幸地向您介绍物理学中我最喜欢的一部分。这部分物理学知识的核心是这样的:加速运动会产生波。声音就是最明显的例子,固体在加速时会产生声波。同样的原理也适用于场论。例如在电磁学中,电子加速时会向外辐射光子,也就是光。

爱因斯坦的广义相对论描述了物质和能量是如何与引力相联系的,该理论符合这样一幅图景:加速的质量以时空涟漪的形式向外辐射能量，即引力波。星系另一端的超新星、深空中相互绕转的中子星，以及温网男单决赛中的网球——以上这些物体都会产生引力波。这些波动会在宇宙中传播，就像池塘里的涟漪一样拉伸和压缩时空。最终，它们穿过你的身体，你所在的时空会出现摆动。不过，只是微不足道的摆动。你的身高会在不知不觉间被压缩和拉伸。你的手表会忽快忽慢，但这些变动相当微不足道，很难引起你的注意。随后，引力波离开，你的时空又重回平静。

这就是相对论。它告诉我们，在大部分情况下，由引力波引起的时空摆动非常微小，甚至无法被探测到。为了看到显著的效果，你需要加速一些质量巨大的物体。对于暴胀来说，这个质量巨大的物体就是宇宙。在暴胀期间，宇宙膨胀的速度比光速还快。[1]当像宇宙这样巨大的物体被加速到如此高的速度时，就会产生相当可观的引力波。我们现在所寻找的就是这些引力波留下的印记。

聚焦 BICEP

据理论预测，宇宙在暴胀时所产生的引力波会在宇宙微

---

1. 我知道你在想什么：没有东西能比光还快。实际上这种说法不太正确。更准确的表述是，信号的传播速度不能超过光速。这样空间本身的膨胀速度就不受约束了。

波背景中留下印记。简而言之，它们会使辐射偏振，留下一种特殊图样。我们在南极搭建的第二代宇宙河外偏振背景成像（BICEP Ⅱ）望远镜，就专门用于观测这种图样。[1]

2013 年，BICEP 团队认为自己取得了突破，大家都非常兴奋，但结果发现这是一个由宇宙尘埃引起的误判。经过一番反思和大规模的升级，他们期待在 2016 年发布更多的成果。如果他们成功，每个人都将不得不更加重视暴胀理论和多重宇宙。[2]

说起来这真是一个美丽的循环。在古埃及时代，我们相信人类是特殊的存在，地球是宇宙的中心。我们把这个宇宙模型称为托勒密模型，这是以古希腊-埃及天文学家托勒密[3]命名的，因为他是该宇宙图景的集大成者。随后，在哥白尼的日心说中，地球被降级为太阳的一颗行星，在一个中等距离的轨道上围绕太阳运行。接下来，爱因斯坦的广义相对论让我们见识到，即便是太阳也不过如此，时空处处平等。如今，整个宇宙

1.　BICEP Ⅱ是一台折射望远镜，位于南极阿蒙森-斯科特科考站。该实验由加州理工学院主持。

2.　目前，接替 BICEP Ⅱ工作的是 BICEP Ⅲ和 BICEP 阵列。另外，采用激光干涉仪进行探测的激光干涉引力波天文台（LIGO）在 2015 年 9 月 14 日首次成功探测到引力波。相关科学家也因"对 LIGO 探测器和引力波观测的决定性贡献"获得 2017 年诺贝尔物理学奖。——编者注

3.　虽然都来自亚历山大（Alexandria），但天文学家托勒密和古埃及最后一朝法老托勒密一世至十五世没有任何关系，生活年代也不一样。托勒密的年代是约公元 100—170 年，而托勒密王朝的年代是公元前 305—前 30 年。要我说，接下来会有越来越多和古埃及相关的事物出现。

可能也不过是多重宇宙中的一张大奖彩票。

　　意外的是，这毕竟使我们很特殊。或者，更准确地说，我们的宇宙很特殊，因为它的结构正好适合生命生存。当我们在宇宙中寻找自己的表亲时，要谨记这一点。因为即便在我们出现以前，宇宙就在尝试孕育生命。

第五章

生　命

本章中，作者试图找出究竟是什么让生命如此特殊，这让他掉进了数学的兔子洞[1]，最后进入了一个奇境。在那里价值并不是通过美丽与否来衡量，而是能量的消耗速度。

1996 年 8 月 7 日，美国总统克林顿向全世界媒体宣布，NASA 已经找到火星存在生命的证据。地质学家戴维·麦凯（David McKay）曾经训练阿波罗号的宇航员如何搜寻月岩，由他领导的研究团队在一颗火星陨石中找到了细菌化石。"若这一发现得到证实，"克林顿庄重地说，"这无疑将成为科学发展至今，人类对宇宙最令人惊叹的发现之一。"

可惜的是，这个发现最终未被证实。麦凯的发现很快就湮没在雪花般飞来的批驳论文中。主要的反对意见是化石的大小。在那些细菌化石中，个体直径最大的也仅为 100 纳米，而

---

1. 源自《爱丽丝漫游仙境》，比喻开启新世界的大门，进入未知领域的入口。——编者注

当时已知最小的细菌直径大约是这个数字的 10 倍。[1] 一些批评人士指出，这样的细菌实在太小，无法携带足够的 DNA 用于复制。你可能会纳闷，为什么火星细菌一定含有 DNA，但那就是另外一个问题了。

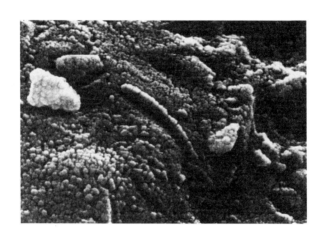

上图引自麦凯团队在《自然》上发表的论文，我希望借此能说服你，在这个编号为 ALH84001 陨石上，那些香肠状的"细菌"很可能就是微小的外星人。即使我失败了，我们如何判断某物是否活着或是否曾经活过，是我们在其他星球上寻找生命的核心问题。如果我们希望在其他地方找到生命，我们就必须了解我们在寻找什么。

---

1. 1 纳米（nm）是 1 米的 $1/10^9$，是 1 毫米的 $1/10^6$。纳米尺度是进入原子世界的大门，这个门槛一般认为是 1 纳米的 1/10，亦称为埃（Å）。换算关系是 $1Å = 10^{-10}m$，$1nm = 10^{-9}m$。

意外从天而降

当然，陨石其实就是一块从太空降落到地球上的岩石。小行星和彗星的碎片不断地撞击高层大气，其中大部分在到达地面以前就燃烧殆尽了。其表现就是流星。每年 8 月北半球的英仙座流星雨就是典型的例子。每年这个时候，地球都会经过斯威夫特-塔特尔彗星（Comet Swift-Tuttle）的尾巴，形成非常美丽的流星雨。

然而，对我们来说，偶然幸运地 —— 或者说不幸地 —— 一块特别大的太空岩石会坠落在我们这颗美丽的蓝色星球上。事实上，像这样的岩石没有大小限制。我们很快就将看到，早期的太阳系是一个彗星和小行星横冲直撞的世界，地球自诞生之日起就被打得千疮百孔，一直到大约 39 亿年前才结束。[1]

自那以后，地球就平静了很多，但我们偶尔也会"理一理发"。上一次大陨石撞击地球出现在 6 600 万年以前，[2] 那次事件将恐龙从地球上抹去。5 000 年前，一颗小行星坠入印度洋，引发了全球范围内的海啸，这很可能就是挪亚方舟神话中洪水的

---

1. 其中一些彗星和小行星富含水分，我们相信地球上的海洋就由此而来。它们还带来了大量碳化合物，我们就由此而来。然而坏消息在后头：这些小天体导致了一段我们现在称为后期重轰炸期（Late Heavy Bombardment）的时期。我们不知道是什么导致了这最终的狂欢，但一个有说服力的解释是大迁徙假说，假说认为气态巨行星木星和土星形成共振并改变了各自轨道，从蹒跚学步的太阳系下抽出了引力地毯，将早期太阳系弄得一团糟。
2. 这是最新修正的数值，过去认为是 6 500 万年前。

原型。就在 1908 年，一颗彗星在西伯利亚通古斯（Tunguska）上空爆炸，所释放的能量是广岛原子弹爆炸时的 1 000 倍。

陨石本身并没有什么特别之处。ALH84001 的与众不同之处是它来自火星。你可能已经知道，我们的大气层实际上保护着我们免遭太空岩石侵扰，因为太空岩石会与大气层摩擦而燃烧殆尽。而其他那些大气较稀薄的行星，情况就没有那么好了。当一颗偏离轨道的小行星或彗星撞击火星时，这颗红色的星球只能默默承受。如果撞击足够猛烈，火星地壳碎片就会被弹入太空中。如果这些碎片逃离了火星的引力，就有机会撞上地球。例如我们在说的这颗陨石，它的撞击点正是在南极。

雪　洞

南极可谓是陨石猎人的天堂。一个直接原因是，它们与雪地的反差很大。另一个原因是，冰通常先是在南极大陆中部堆积，然后向海岸流动，最后堆在山脚下。因此，任何从天而降，落在这块大陆中部的物体，最后都被缓慢地输送到最近的山脚下，等待着某个勇敢的地质学家前去收集。

因此，每年南半球的夏季，美国国家科学基金会都会资助一个名为南极陨石搜寻计划（Antarctic Search for Meteorites，ANSMET）的项目。每年 12 月前后，一个研究小组就会从位于横贯南极山脉（Transantarctic Mountains）脚下的大本营出发，寻找陨石的踪迹。麦凯团队所研究的那一块陨石在1984 年 12 月 27 日被发现于艾伦山，是一位名为鲍比·斯科尔（Bobbie Score）的人在驾驶雪地机动车途中发现的。这是当年发现的第一个样本，因此被标记为 ALH84001。

起初，ALH84001 被认为是一颗普通小行星的残骸。直到 1993 年，它被存放到约翰逊航天中心（Johnson Space Center），并被鉴定是来自火星地壳。这引起了戴维·麦凯的兴趣。测试表明，这颗陨石在火星上形成，有 45 亿年历史，仅次于太阳系本身的年龄。1 600 万年前的一次撞击事件使它脱离了火星引力场，[1] 自此开始在太阳系中游荡。约 1.1 万年前，它穿过了地球大气层并坠落在南极。

大约 40 亿年前，这块陨石还在火星时就遭受了某种撞击，因此它的表面布满了裂缝。这就是令人兴奋的部分。裂缝中嵌着碳酸钙颗粒。在地质学家看来，碳酸钙意味着水，[2] 而我们都知道，水意味着生命。更有趣的是，已知某些陆生细菌所产生的碳酸钙颗粒，其形状和大小与陨石缝隙中的碳酸钙颗粒相似。

"这又能说明什么？"你可能会说，"这些颗粒很可能是陨石在 1.1 万年前坠落在南极的冰天雪地之后才形成的。"但科

---

1. 给你提供一个演化视角：类人猿，或者说原始人类，在 1 500 万年前从灵长目中演化出来，这比 ALH84001 离开火星表面晚了 100 万年。
2. 富含矿物质的水吸收二氧化碳后，碳酸钙就不远了。实际上你上一次看到的碳酸钙可能就是你家热水壶加热部位的水垢。

研人员对这些颗粒进行测年后发现，这些碳酸钙已经形成了数十亿年，而不是区区万年。毫无疑问，它们是在火星形成的，但是怎么形成的呢？麦凯研究团队决定用电子显微镜观察陨石，看会不会有新的发现。

　　然后，他们就看到了几千条香肠状的物体附在碳酸钙颗粒上。请回顾一下那张图片，然后告诉我，它们看上去像不像某种生物化石。如果你认为它们看起来的确像某种曾经的生命，是哪些特征让你有这种想法呢？如果你觉得它们不是生命，又是如何得出结论的呢？

生命是什么？

　　我们人类是发现生命的专家。NASA 近期的火星发现任务（Discovery mission）非常振奋人心。但是，当我们的机器人探测器还在挖土找水时，附近山涧的岩石上，很可能就爬满了紫色的外星细菌，这实在令人非常沮丧。把任何一个微生物学家送到火星去待上一天，他就能告诉你火星上究竟有没有生命。所以我们一直寻觅的究竟是什么？我们如何判断某种物质是有生命的？

　　我们要寻找的一件事是运动。生命四处游走，细菌摆动鞭毛，飞鼠张开爪子迎风飞翔。在物理学家看来，生物会做功。这表示它们能将化学能转化为机械能。细菌能利用鞭毛击打周围的液体，飞鼠将空气向下推以上升。非生物体也能做功。但它们没有内部能量供应，除非是人造物。踢足球时，足球从离开你脚的那一刻就开始减速；如果踢的是袋鼠……你最后很可能被赶到最近的树篱外侧。

生物会生长。如果你在火星上漫步，偶遇一块巨大的黑色岩石，第二天岩石变成了原来的两倍大，你就该给这块岩石拍照片了。又过了一天，如果这块大岩石旁出现了一块小的黑色的"宝宝"岩石，那你就找到宝藏了，因为这是一种生命迹象，我们称这种特殊的生长形式为繁殖。事实上，有些人会说这是一个决定性的标志，因为如果没有繁殖，自然选择就没有办法起作用，物种演化也就无从谈起了。

生命能做机械功、生长和繁殖，但值得注意的是，这些并不能用来定义生命。一场雪崩也能够做功，尽管这种功可能将滑雪小屋夷为平地。同样的，铁锈能沿着铁丝网生长，但我们断然不会将它当宠物一样养在罐子里。没有劳伦·西尔弗曼（Lauren Silverman），西蒙·考埃尔（Simon Cowell）也无法生育，但毫无疑问他是一个大活人。另外，也不难想象，未来某些高度演化的生物决定不迈向死亡，而是选择将自己上传到某种虚拟现实中，和自然选择分道扬镳。[1] 到底哪些事情是生

1.　由于某种原因，我还在想象西蒙·考埃尔的样子。（西蒙·考埃尔是英国电视制作人、唱片制作人，曾担任《英国达人秀》《美国偶像》等多个电视选秀节目的评审。劳伦·西尔弗曼是他的伴侣，两人育有一子。——编者注）

命体能做到而非生命体做不到的呢？

　　当然，化石的问题在于它们不能移动、生长或繁殖。如果戴维·麦凯的团队足够幸运，他们就有可能在 ALH84001 上发现某个细菌停留在了细胞分裂阶段，可惜他们没有这种运气。化石中既没有出现不同生长阶段的细菌，也没有弯曲的微小鞭毛。不，我们之所以觉得这颗艾伦山陨石表面微小的香肠状结构有生命，就在于它具有所有生命体都共有的基本特征：它们有组织。

　　在组织形成过程中，生物违背了整个宇宙的规律。我们将会看到，宇宙一直在追求，也是唯一所追求的：平衡。自然世界不希望你玩西洋双陆棋，也不希望你学萨尔萨舞，甚至不希望你存在。宇宙寻求的是统一的温度、最大限度的无序和死寂。宇宙最终会得逞，但希望不是在你读完这一章之前，让我们先来掌握科学领域中最能扩展思维的原理之一：热力学第二定律。

游戏规则

　　能量概念在物理学中有着神圣地位。毫不夸张地说，它支撑着我们其他所有物理理论，对量子力学和广义相对论来说也是如此。它被载入四个热力学定律中，大致概括如下：[1]

1.　虽然这里有四条定律，但序号是 0 到 3。原因是热力学第一、第二和第三定律在第零定律出现前就已经声名远扬，但后来发现，原来热力学第零定律——这个定律定义了温度——是后三者的基础。

（0）若两个不同的物体分别与第三个物体处于热平衡，那么这两个物体也相互处于热平衡。

（1）宇宙的总能量保持不变。

（2）宇宙的熵总是在增加。[1]

（3）当物体趋于绝对零度时，其熵趋于零。

我们能想到的所有地外生命可能会做的事——思考、交流、生长、运动和繁殖——都需要能量。尽管这些名词令人望而生畏，但热力学定律就是一组描述能量运作机制的简单规则，与生命直接相关。其中，热力学第二定律与生命体的关系最为紧密。我们接下来会看到，你吃早餐不仅仅是因为你需要能量，你还吃掉了早餐中携带的信息。

不要平衡

至少在心理学层面，平衡听上去是一种美好的东西。对此我深有感触，尤其是经历大喜大悲的时候。在人群中，这是普遍被认可、无可争议的优良品质。谁不想拥有坚忍、幽默而友善的灵魂呢？按照我们的设想，佛陀断然不会参与酒吧斗殴，如果他这么做了，那佛教就不会具有如此大的影响力。虽然人类认为冷静是一种令人羡慕的品质，但如果宇宙冷静下来，那

---

1. 我们很快就会聊到熵。

可就是一个坏消息了。

很抱歉地告诉你，宇宙并不喜欢你，原因很简单：它既不喜欢物体太热，也不喜欢物体太冷。宇宙最喜欢的是：热平衡。我猜你可能了解这意味着什么，不过我们还是来复习一下。我们来想象一个场景，将一个热的物体挨着一个冷的物体，例如，把一杯热茶放在一个茶杯托上。接下来会发生什么？热量会从那杯热茶流向茶杯托。最终，杯子和杯托的温度都会与周围环境达到一致，热量停止流动。[1]这时它们就处于热平衡状态。这也是热力学第零定律的含义。当两个不同的物体温度相同时，两者处于热平衡状态。[2]

这种类型的热量流动——通过接触，直接从一个物体转移到另一个物体——称为传导。在杯子和杯托的例子中，这一过程比较缓慢。原因很简单，杯子和杯托都是瓷器，它们的导热性很差，这也是人们选择这种材料的原因。我们聪慧的祖先想要热茶，并相应地选择了陶瓷。但故事尚未结束。一杯热茶还可以通过其他途径冷却下来，那就是对流。简单来说，热茶和茶杯加热了其附近相对较冷的空气，从而使空气受热上升，新的冷空气就补充过来。最终，茶的温度与周围的空气温度达到平衡，这时候——如果是我的妻子的话——就会决定

---

1. 如果你想精确点，热量并没有停止流动，只不过是从茶杯流向杯托的热量和杯托流向茶杯的热量一样多。

2. 如果还不明白，就把所谓的"第三个物体"替换成"温度计"，这样你就会发现第零定律在本质上是对温度的定义。

试着喝一口茶。

　　宇宙喜欢热传导和热对流，因为这两种活动都能让宇宙接近它的终极目标——普遍的热平衡。其实，还有一种让热量从热物体流向冷物体的途径，并且就宇宙的尺度而言，这种方式尤为重要，即辐射。辐射值得你去深入了解，原因有两个。其一，辐射让地球上的绝大部分生命得以生存；其二，它最终会带来一个极为沉闷的宇宙末日。

起来发光啦[1]

　　宇宙中的每一个物体都能辐射光，波长主要集中在某个峰值附近。如果你还有印象，[2]光其实是一种电磁波。一个完整的电磁波谱包括所有波长的电磁波，按照波长由长至短，依次是无线电波、微波、红外线、可见光、紫外线、X射线和伽马射线。物体的表面温度越高，所辐射的光的峰值波长就越短。这么说未免有些枯燥，我们举一个具体的例子来说明吧。就拿你来说吧。

　　众所周知，对普通健康人来说，人体核心温度（core body temperature）约为37℃。在穿着衣服的时候，你的体表温度会略低于这个数值。当知道这一点的时候，你不要诧异。假如

1.　原文标题“Rise And Shine”意为“起床啦”。——编者注
2.　如果你每个脚注都没有落下的话。

你在一间温度约为 20℃供暖良好的房间里休息，或者你还穿着一件连体家居服，你可能会以为周围环境的温度是 28℃左右。任何物体——我的意思是随便什么物体，它可以是一块花岗岩，猫王的塑料雕像，或者一只负鼠——只要表面温度达到 28℃，都会向外辐射光，光线的峰值波长约为 $1/10^5$ 米，落在光谱中的红外波段。

你也许还戴了一副热成像护目镜，或者就像我一样，在《绝命毒师》(Breaking Bad)里看到老白(Walter White)[1]那样做。总之，你将发现人们在发光，而几乎其余所有物体都是漆黑一片。因为护目镜能探测红外线并生成可视化图像。红外线的波长越短，你通过护目镜看到的图像就越亮。在老白眼里，杰西(Jesse)看上去就比周围亮，原因是杰西的体温比周围高。如果杰西手中还端着一杯热茶，那就会显得更亮。

太阳出来了[2]

所以，宇宙中的所有物体都会辐射光，而且物体温度越高，辐射光的波长就越短。宇宙中温度最高的物体无疑是恒星，太阳的核心温度高达 1 600 万℃，表面温度也达到了

---

1. 美剧《绝命毒师》中的人物，下文中的杰西也是剧中人物之一。——编者注
2. 标题原文 "Here Comes the Sun" 是披头士乐队 1969 年的一首歌曲。——编者注

5 500℃。[1]从无线电波到伽马射线，太阳辐射的波长范围覆盖了整个电磁波谱，不过其峰值波长落在红外和可见光波段。

也就是说，颜色与温度密切相关。你家煤气灶的火焰是蓝色的，而余烬燃烧的颜色是红色的，这是因为煤气的燃烧温度比木头高。温度，也只有温度，决定物体向外辐射的光的颜色。把一根香蕉加热到5 500℃，它发出的光将和太阳一样。[2]

那么，太阳光照射到地球上会发生什么呢？答案就是它们会不断地反射，直到被吸收。你的法拉利是红色的，原因是它表面的油漆吸收了除红光光子之外的其他所有光子。这些反射出去的红光光子最终也会被其他物体吸收，也许会是你那印有姓名首字母的黑色真皮驾驶手套。

在吸收了红光光子和其他恰好照射在表面的光子后，你的黑色驾驶手套的温度上升了。然后，它们又会辐射峰值波长在红外波段的电磁波，这些电磁波进而被它们接触的其他物体——黑曜石灰色的真皮方向盘、棕褐色的小牛皮座椅，以及你的粉色连身衣裤——反射或吸收。

我觉得你能猜到接下来我想说什么。在我们这个宇宙中，

1. 巧合的是，太阳的表面温度和地球的核心温度相当。根据比维基百科可信度更高的数学和科学网站Wolfram Alpha，太阳表面温度是5 777K，地球的核心温度是5 650K。1K=−272.15℃。
2. 在太空观察，太阳是白色的，因为它在整个可见光波谱中都有辐射，没有能够影响整体颜色的主导波长。但在地面上，直射的太阳光绝对是黄色的。那是因为红光通过大气时可以不受阻碍地传播，而蓝光容易被空气分子偏折。物理学家称之为散射，这也表示大气有效地"保留了"阳光的蓝色部分，使太阳呈黄色而天空为蓝色。

物体之间无须直接接触就能相互传递热量，直到它们达到相同的温度。在真空中，通过辐射，这样的效果很容易就能达到。实际上，宇宙大部分空间都是真空的，辐射是宇宙中最常见的热传递方式。这样看来，恒星闪耀的原因确实是为了引导你的命运，而你的命运碰巧就是和宇宙中的其余部分达到热平衡。

所以这跟生命有什么关系呢？太有关系了。生命是一段不寻常的冷却过程。在宇宙中，热量是单向流动的，从茶杯到杯托，从行星核心到大气层，从恒星到宇宙空间，但生命可以利用它来做功、繁殖——最关键的一点是——自我组织。是时候介绍热力学第一定律了。

弹球高手

热力学第一定律非常伟大，因为它为整个宇宙提供了一套有效的核算体系。我们先来回顾下热力学第一定律：

（1）宇宙的总能量保持不变。

简而言之，就是能量守恒。在弹球机游戏中，我们发射弹球，然后看着弹球横冲直撞，完美避开所有奖励，最后眼睁睁看着弹球不偏不倚地从两个翻转器中间的缝隙溜进洞口。但能量的精妙之处在于：即使我们对游戏过程一无所知，如果知道弹球发射时的初始能量和弹球返回时的最终能量，二者相减就能准确得到机器所吸收的能量。

你可能要问，这和我们寻找生命有什么关系呢？就像弹球机一样，细胞消耗能量，能量转化为功和热。关注资金流动方向，我们就能了解政治；要了解细胞生物学，我们可以从能量开始。以任何一种细胞为例，我们都能问一些简单而深刻的问题：这种细胞如何获取能量？如何储存能量？它把能量用于何处？我们将在下一章看到，对地球上第一种细菌来说，这三个问题的答案将是揭示地球上生命起源的主要线索。

回到热力学第一定律。它告诉我们，能量可以从一种形式转换成另一种形式，但不能被创生或消灭。弹球机是一个典型例子。当我们拉撞针时，我们将肌肉的化学能转化为压缩弹簧的机械能。释放撞针，弹簧的机械能转化为小球的动能，小球以一定的速度飞出。弹球机本身有一定倾斜度，在运动中，小球沿斜坡向上滚动，在地球重力场中上升，此时部分动能转化为重力势能。这一切还只是游戏正式开始以前的情况。

在理想情况下，每一个能量转化阶段都没有能量损耗，每种能量会完全转化为下一种能量。理论上，在一个回合中小球能够一直运动下去。但你我都知道，现实并非如此。弹簧被压缩时，金属球滚动着经过木制表面时，以及其他一切过程都会产生热。更糟的是，这些热量被释放到宇宙中并被吸收。你没办法再一次利用这一部分能量，相当于你永远失去了这部分能量。至于这背后的原因 —— 虽然能量是守恒的 —— 但你从一个体系中获得的能量永远不可能比你输入的能量更多，这便是热力学第二定律。火星陨石上的球状物之所以可能存在生命的印记，其中一个原因是，它们似乎打破了热力学第二定律。

只为啤酒而来 [1]

就算不了解热力学第二定律是什么，你至少听说过它。我最喜欢的美国作家之一托马斯·品钦（Thomas Pynchon）更是痴迷它。如果你喜欢读艰深的小说，我强烈推荐他的《拍卖第四十九批》（*The Crying of Lot 49*）。在这部小说中，他对这个最迷人的物理规律有着深刻洞见。为了真正理解这条定律，我们首先来深刻剖析一个一直以来我们认为理所当然的概念：热量。

我们的目标一如既往，还是希望能进一步理解生物系统。不过，我被 19 世纪一位酿酒商的工作和性格吸引了，他就是詹姆斯·普雷斯科特·焦耳（James Prescott Joule）。我忍不住想先谈谈他。酿酒需要精确地测量温度，而焦耳把这项技术变成了一种艺术，提升到精湛的水平。他开始着迷于他所测量的到底是什么，并通过一次里程碑式的实验证明，过去被我们认为是一种流体的热，其实是原子的随机运动。

---

1. 原文标题 "Only Here for the Beer" 引申义为 "只是来找点乐子"。——编者注

简单来说，热是原子振动。物体越热，原子振动越剧烈。让冷的物体——或者说，不怎么振动的——与热的物体接触，热的振动原子最后会使得原本不怎么振动的冷原子转变为某种中等程度的振动状态。温度计可用来测量这些原子的振动程度。这也是为什么温度会有零点，因为理论上，某物体可能完全没有热量，这种物体的原子就不会振动。[1]

焦耳的诀窍是，使一个精确已知重量的物体精确下落一段距离，物体下落做功，带动水中的桨叶旋转。水分子在桨叶的推动下加速运动，水的温度也因此升高。通过精确测量实验前后水的温度差，焦耳发现水增加的热能精确等于重物下降减少的重力势能。焦耳一举揭示了热本质上就是原子运动。即便在今天看来，这个实验仍具革命性。现在你知道结论了，晃动水能够提高水的温度。[2]

信息引擎

现在我们已经准备好迎接热力学第二定律了。乍一看，这似乎是你能想象的最无用的科学知识之一，绝对的虚张声势。

1.　几乎不会振动。量子力学显示，即便在绝对零度，一个粒子也会有残存的振动状态，即零点能。
2.　能量单位焦耳（J）便是以他的名字命名。这是物理学家们喜欢用的单位，工程师们倾向于更方便（比如说，更大）的单位千瓦时（kW·h），$1\,kW\cdot h = 3\,600\,000\,J$。

不要被表面的假象欺骗了。你将会掉入一个兔子洞，然后被带入宇宙的内部运作中。热力学第二定律是这样的：

（2）宇宙的熵总在增加。

熵究竟是什么？历史上，我们对熵的理解，也经历了一个循序渐进的过程。熵的定义最早出现在蒸汽时代。蒸汽机的工作原理是先通过燃烧燃料使水沸腾，再利用产生的蒸汽驱动活塞运动。然后蒸汽在冷凝器内液化，等待下一次加热。当时资本家最关心的一个问题是，如何设计热水缸（储存沸水）和冷水缸（冷凝器）系统，以使其在一定量的燃料供应下尽可能多地产生机械能。

这个问题可难住了许多当时最杰出的科学家。首先突出重围的是法国物理学家萨迪·卡诺（Sadi Carnot），他于 1824 年出版的著作《论火的动力》（*Reflections on the Motive Power of Fire*）有个真正法式风格的书名，堪称自然科学史上标题最异想天开的作品之一。卡诺正确地指出，决定蒸汽机效率的并不是燃料的多少，而是冷热水缸的温度。但方式是什么呢？

如果说是卡诺提出了问题，那么德国物理学家鲁道夫·克劳修斯（Rudolf Clausius）就是解决问题的人。克劳修斯意识到，重要的不是在蒸汽机中流动的热量总数，而是其中能够做功的那部分能量。于是他开始考虑，蒸汽机的热量中没有用来做功的那部分到底发生了什么。例如，一台真正的蒸汽机在运转时，它所产生的热量会向四周散失，活塞摩擦会损失能量，水和蒸汽的黏度也都会带来能量损失，所有这些能量都一去不复返，或者极不可能复返。那么，如何描述这些未知且无法预计的损失呢？

克劳修斯想到一个巧妙的方法。他发明了一种描述这种不能被利用的能量的度量，并称之为熵。还记得弹球机的例子吗？在那个例子中，机器以及周围的环境增加的熵，就是弹球的初始能量中因为弹球运动一回合中的摩擦和热效应而被吸收的那一部分能量。克劳修斯所定义的熵，就是用来衡量有多少输入能量无法用于做功。

我知道，我知道，这和生命起源似乎没有任何关系。我可以理解你现在愤慨的心情。说实话，没有人预料到热力学第二定律有这一层内涵。当初克劳修斯只是想要弄明白蒸汽机的工作原理，但他最后发现了一个全新的物理量，这是一个和能量或温度一样的，揭示宇宙运转原理的基本物理量。因为，当我们尝试在原子尺度上理解熵的时候，我们有了惊人发现。熵与信息有直接的联系。

细节中的魔鬼

第一个为这一发现建立数学基础的人是奥地利物理学家路

德维希·玻尔兹曼（Ludwig Boltzmann）。他可算得上是一位悲情人物，有着天妒之才，却引来德国同行的恶毒攻击。那些人没办法理解他行云流水般的计算，又拒绝接受支撑这些计算的原子论。在抑郁的折磨下，玻尔兹曼于 1906 年自杀去世，时年 62 岁。但在此之前，他提出了刻在他墓碑上的这条方程式[1]：

$$S = k\log W$$

在这条著名的公式中，在压力、体积和温度不变的前提下，玻尔兹曼将气体[2]的熵 S 与气体粒子状态的数量 W 联系了起来。k 是著名的玻尔兹曼常数。我们在这里的目标是把握要点，即系统状态的数量越多，我们就越不确定它实际上处于哪种状态。

怎么会这样呢？我们来看一个具体的例子。例如，把一个气球吹起来，并且，很容易就能测量出这个气球内空气的体积、压力和温度。那么，要达到所测量的体积、压力和温度状态，气球内的空气分子有多少种状态[3]呢？答案是 W 种，而且 W 是一个很可观的数字。气球中空气的熵就等于 $k\log W$。

---

1. 因为在玻尔兹曼墓碑上自然对数用 log 表示，在本小节中，我们也用这种方式表示。后文再次出现此方程，将按照国家标准用 ln 替代 log。——编者注
2. 准确地说，玻尔兹曼的公式适用于理想气体。理想气体意味着粒子之间不会有相互作用，一些烦人的事情，比如黏度就不用考虑在内了。
3. 我指的是这些粒子在哪儿，粒子的运动方向以及运动速度。

　　现在，把气球戳破。原本在气球内的空气分子四处散开，开始和房间内的空气分子混合。如果时间足够多的话，它们还会从房间中逃逸出去，与全球大气混合。此时，这些气体的组合方式又会有多少种呢？我也不知道，但可以肯定的是，组合方式比它们都在气球里时多得多。原本在气球中的空气分子的组合方式变得更加不确定，它们的熵也增加了。

信息是解决不确定性的方案

　　继玻尔兹曼之后，熵和信息的关系在一位杰出的美国电气工程师和数学家克劳德·香农（Claude Shannon）的工作下再一次升华。香农可以说是数字化时代的开创者，但他的名字却很少被人提及。早在 21 岁那年，他在硕士论文中发明了数字电路设计，这是所有现代电子产品的基石。第二次世界大战期间，他与美军签订了一份合同，受雇于贝尔实验室。

　　无线电通信已经成为战争的关键。香农的任务是改进现有军事系统，使其更加安全。在电子设备中，一个大问题是如何降低"噪声"——信号随机波动——的影响。为解决这一问题，香农定义了一个新的变量 H，称之为信息熵（或香农熵），用于衡量接收者对于消息具体内容的不确定性。确切地说，信息熵以比特为单位，计算表达式如下：

$$H = -\sum p_i \log_2 p_i$$

式中，H是信息熵，以比特[1]为单位，一条消息中包含了i种字符，每一种字符出现的概率是p_i，那个滑稽的弯曲字母是Σ（sigma），意思是"将i的所有取值代入公式后求和"。

这么说可能还是有些抽象，我们来举例说明。我们约好天黑后去偷苹果。九点的时候，天已经黑了——毕竟已经是秋天了嘛——我溜进你的花园瞧瞧你卧室的窗户。如果你亮起了手电筒，表示你准备顺着排水管爬下来，和我一起去本森（Benson）的果园。如果手电筒没亮，那我们就明天晚上再去。

在香农看来，"好，我正在下来"和"算了我不去了"可以编码为两种"字符"，即"手电开启"和"手电关闭"。距离九点整还有一分钟时，当我躲在杜鹃花丛中屏息观察时，我不确定你是否能来。如果来与不来的概率是相同的，那么通过香农的方程我们就可以求得信息熵：

$$H = -\Sigma p_i \log_2 p_i$$

结果可能有两种，概率相同则表示$p_1 = p_2 = 1/2$，即

$$H = -\left[\tfrac{1}{2}\log_2(1/2) + \tfrac{1}{2}\log_2(1/2) \right]$$

可以看到，1/2 是公因子，根据 $\log(A/B) = \log A - \log B$，则有

$$H = -\tfrac{1}{2}(\log_2 1 - \log_2 2 + \log_2 1 - \log_2 2)$$

$$H = -\tfrac{1}{2}(2\log_2 1 - 2\log_2 2)$$

1.　毫无疑问你认识这个单位，这是计算机科学中的基本单位。字节和比特就像是信息中的英镑和便士，1 字节 =8 比特。当我们需要一个 15TB 的硬盘时，我们是在要求能够保存信息熵为 $15 \times 10^{12} \times 8$ 比特的信息的能力。

log_{任意值}1=0，$\log_2 2=1$，上述公式就简化为：

$H=-\frac{1}{2}(-2)=1$ 比特

好了。我保证我们正朝着正确的方向前进。现在想象一下，我们决定增加第三种"字符"，你上下摇动手电，表示"稍等，我还要再考虑下"。接下来，我们再假设这三种信息出现的概率相同。这时候信息熵是多少呢？结果肯定比上述例子的结果大，但具体大多少？我们代入数字，看看结果如何。

$H=-\sum p_i \log_2 p_i$

$H=-\left[\frac{1}{3}\log_2(1/3)+\frac{1}{3}\log_2(1/3)+\frac{1}{3}\log_2(1/3)\right]$

$H=-\frac{1}{3}(-3\log_2 3)$

$H=\log_2 3=1.58$ 比特

你也许看到了规律所在？当有两种信息时，$H=\log_2 2$ 比特；到存在三种信息时，$H=\log_2 3$ 比特。如果我们有 W 种信息，而且每一种信息出现的概率相同，根据香农的公式，整条消息的信息熵（以比特为单位）就是：

$H=\log_2 W$

或者，我们把对数改为以常数 e 为底的自然对数，那么就有：[1]

$H=K\ln W$

---

1. 如果你觉得这没什么意义，e 是数学中经常出现的数字，被称为"自然常数"。e 是一个无理数，意味着它不能被精确表达，其数值可近似为2.718。下面是 e 的一种表达形式：$e=(1+1/n)^n$，其中 n 趋于无穷大。

其中，K 是常数。等一下！这无疑让人联想到玻尔兹曼公式，当一组粒子拥有 W 种状态，且每种状态概率相同时，对应的熵为：

$$S = k\ln W$$

这是怎么回事？

墨菲定律[1]

表面上看，这样的进展似乎不太可能。一方面，19 世纪的物理学家寻找的是如何提高蒸汽机的效率；另一方面，20 世纪的工程师寻找的是提高通信设备效率的方法。意想不到的是，两者殊途同归，指向了同一个问题。S 代表的熵，指的是一个物理体系中微观状态的不确定性；而 H 指代的熵，是一条消息中字符状态的不确定性，两者存在关联。

两者的关联之处正是信息。当我们计算一组原子的熵时，我们可以把它看作是我们对原子究竟处于 W 种状态中的哪一种的不确定性，也可以看作是我们对完整地描述该状态的信息内容的不确定性。玻尔兹曼熵实际上是信息熵的一个特例。

所以这到底是什么意思？首先，这表示熵是信息的敌人。一个系统的熵越大，我们对它可能包含的任何信息的内

1.　原文是墨菲定律的另一种说法：Sod's law。——译者注

容就越不了解。但在更深层次上，这意味着信息不仅仅指书本、DVD 或者硬盘，它指的是物质的基本属性。一个糖分子、一个光子，以及一份《泰晤士报》(*The Times*)：所有一切都包含信息。这些信息可能与单个原子的位置有关，或者与乔治·克鲁尼(George Clooney)的婚礼举办地有关。不过在宇宙看来，这些都一样。宇宙根本不关心这些。

现在我们开始明白热力学第二定律的本质了，那就是能量耗散。宇宙的熵总是在增加，信息被破坏，无序度增加，热量四散。现在我们明白了，为什么艾伦山陨石中的化石颗粒如此引人注目；以及，为何所有的生命形式都异乎寻常：它们高度有序，远非随机发生就能出现。从蓝细菌叠层石群落，到捕蝇草、蚁窝和桥牌俱乐部，生命形式在不断地欺骗热力学第二定律。它们从一个执着于混乱的世界中汇聚能量，收集信息，构建秩序。

但生活总是一团糟，然后你在浑浑噩噩中死去。人们往往处于自己不能胜任的位置。墨菲定律常常应验，凡事只要有可能出错，那就一定会出错。这些都是热力学第二定律的具体体现，它们在我们身上是如此根深蒂固，仿佛就是我们的本性。当我们整理完办公室，写一封亲笔信，或抱着一个新生儿时，心中总有一丝愉悦。在那一瞬间，我们感受到了抵抗热力学第二定律的快感。我们知道这种状态并不能持久，但这似乎让一切更加美好。我们晃过守门员，拿下一分。整个宇宙都在尽全力阻挠我们，但我们还是接过了信息的火炬。生命不息。

当然，我们知道，从长远来看，这可能不是好消息。生命是在逆天而行，这种状态不会永远持续下去。接下来，我要放任热力学第二定律到达那不可避免的结尾，但首先，我们要回答一个最重要的问题：生命到底是怎么做到的？如果宇宙一直在不遗余力地粉碎信息，生命是如何迈出第一步，又是如何一步步变复杂的？

不封膜，不成活 [1]

这一次，我要直截了当地回答这个直接的问题：是因为细胞。细胞是构成地球上所有生命的基本要素，它巧妙地利用了热力学定律。细胞有一个共同点，它们有办法将内部和外部隔离开来。

表面上看，细胞膜并不是细胞中最吸引人的结构。相比之下，细胞的其他部分更引人注意，例如细胞核、高尔基体和线粒体。但是，可以这么说，若没有细胞膜保护它们免遭恶劣的外界环境破坏，上述几种细胞器不可能存在。正如克劳德·香农可能看到的那样，细胞膜能够把低熵、高信息量的区域（细

---

1. 标题原文 Insane in the Membrane，出自柏树山（Cypress Hill）乐队的歌曲 "Insane in the Brain"，表达了一种"极度疯狂"的意思。这里，译者用了"不疯魔，不成活"的谐音。——译者注

胞内部）与高熵、低信息量的外界环境（宇宙）有效地分隔
开来，从而使得细胞可以作为一个整体完成一次精彩的热力学
魔术。

魔术的原理是这样的。细胞内部熵的减少并不重要，只要
细胞外部熵增加得更多即可。总之，宇宙的熵总会增加，不会
违背热力学第二定律。我们需要把细胞膜当作看门人，它允许
低熵物质进入，高熵物质排出。所谓低熵物质就是我们口中的
食物，而高熵物质就是废物。

换句话说，细胞膜至关重要，因为它阻止了平衡。细胞膜
内熵可以被降低，物质得以组织，信息得以存储。对最早的单
细胞生物来说，细胞膜还有另一个至关重要的功能，它是很好
的储存能量的方式。

我的名字是 LUCA[1]

在下一章中，我们将深入探讨目前已知的地球上生命的
历史。我们的目标是尝试了解单细胞生命是如何起源的，以及
发展成为我们这种拥有成熟技术和高度社会化的类人猿所经历
的一系列创新和巧合。一旦我们对自身智能的可能性有了一些
认知，但愿我们能够感知我们这种智能在星系中可能是多么普

---

1. LUCA，即"最后的共同祖先"英文首字母缩写（Last Universal Common
Ancestor）。——译者注

遍，以及我们距离最近的邻居可能有多远。

　　我并不是在剧透，但一般来说，我们发现地球上最早的生命形态是单细胞生物，可进一步分为古菌和细菌。两者都起源于水中。通过分析它们的蛋白质和DNA，我们证明了两者是有关系的，但直到如今我们也无法判断谁出现得更早。在这里，我们只是试图理解生命运作的关键原理，因此可以略去部分细节。眼下我们重点关注的是，两者都是通过细胞膜质子泵来储存能量的。

　　如果你还记得的话，质子就是一个孤零零的氢核。电子带一个单位的负电荷，而质子带一个单位的正电荷。古菌和细菌的能量来源相当丰富：或相互蚕食，或与硫化氢和氨等化学物质发生反应，或从铁等生锈的金属中获得。当然，阳光也是能量的来源之一。无论在什么情况下，它们一旦获得能量，就利用这些能量驱动质子穿过细胞膜，并将其存储起来，以便日后使用。[1]

　　由于质子携带电荷，它们倾向于远离彼此。通过在细胞周围水中产生过量的质子，而其内部则缺少质子，这些简单的细胞有效地创造出能随意利用的能量源。似乎说了太多细节，但我实在忍不住想告诉你，当时机成熟时，这些充满能量的质子

――――――――――

1. 我学过的化学知识告诉我，质子不会在水中单独存在。质子会和水分子反应生成水合氢离子，H_3O^+。不过最后的结果还是一样，因为水合氢离子相互排斥，很容易又会产生一个质子，这样质子就能够穿过细胞膜。

就被用来制造一种富含能量的分子，即我们熟悉的三磷酸腺苷
（ATP）。

这些活跃的分子基本上是所有细胞内的能量货币，在需要
时贡献能量。所有你能想到的过程，例如运动，制造蛋白质、
RNA 和 DNA，都需要从 ATP 提取能量。坦率地说，细胞就
是一种微型机器，它从环境中获取并储存能量和信息，随后
用于自我复制。细菌等单细胞生物通过分裂繁殖，而它们的
人类表亲则通过共进晚餐以寻求第二次约会机会。[1]然而，最
终熵会有它的方式。是时候看看世界末日是怎样一番景象了。

热　寂

我们先来理顺一下。宇宙诞生于 137 亿年前，起初宇宙
极小，温度极高，密度极大，随后在所谓的大爆炸中膨胀了几
分之一秒。然后，膨胀速度渐趋稳定，这种状态一直持续到约
70 亿年以前，此时的宇宙年龄恰好约为现在的一半。在那时，
某种斥力——我们称之为暗能量——开始超过引力，从而导
致宇宙膨胀加速。根据最理想的预测，这种膨胀将继续加速，
把越来越多的宇宙推到我们最强大的望远镜的观测范围之外。

1.　死亡是有性生殖的复杂生物的一大创新，细胞之间出现了分工，分别是
寿命有限的"身体"细胞和寿命无限的"生殖"细胞。而细菌，就是不死
的，不过我并不羡慕这种生命形式。而且该来的还是会来：最终食物会耗
尽，即便是细菌也会挨饿。

实际上，大约两万亿年后，我们唯一能看到的星系将是我们自己所处的星系。[1]

我们现在的时代被称为恒星纪元（stelliferous era），这意味着宇宙间的气体和尘埃在引力作用下坍缩形成恒星。在此之前是原初纪元（primordial era），彼时大爆炸后的高密度能量开始冷却，依次形成基本粒子、原子核、氢和氦。原初纪元大约持续了 100 万年，恒星纪元将持续几万亿年。那么，再往后会发生什么呢？

首先，不会再诞生新恒星。所有氢和氦都将消耗殆尽，现有的恒星会逐一走向生命尽头。其中，质量最小的红矮星寿命将最长，但数万亿年后，这些红矮星也会耗尽自身的核燃料，然后开始冷却。这一阶段被称为简并纪元（degenerate era），小恒星在这一阶段开始冷却，物质都将以极其致密的形式存在。

没有任何恒星能够逃脱这个命运，至少我们的太阳不行。你大概知道，我们母恒星中的氢将在大约 50 亿年的时间内耗尽，届时它将从一颗黄矮星膨胀成一颗红巨星。[2] 在大约 79 亿年后，它将爆发并形成行星状超新星，留下一小块炽热的简并态的碳，也被称为白矮星。在大约 1 000 万亿年后，它的温度

---

1. 那会是一个非常大的星系。银河会在约 40 亿年后与仙女座星系碰撞，在 4 500 亿年内，本星系群（Local Group）内 50 余个星系都会合并。
2. 在约 79 亿年后，太阳的体积将达到最大，届时它的表面会扩张至如今水星轨道的位置。

将冷却至绝对零度以上几度。到那个时候，它将不再辐射任何类型的光——包括无线电波、红外线或其他电磁波——而将成为所谓的"黑矮星"。

情况越来越糟。随着简并纪元持续，恒星全部死亡，星系逐渐解体。行星相互碰撞，黑矮星和中子星逃离并进入星际空间。剩下的死亡恒星或流浪行星都将逐渐被黑洞吸收。在简并纪元末期，即大约 10^{43} 年后，宇宙中将只剩下将周围星体吞噬殆尽的黑洞。

这也是黑洞纪元（black hole era）的开端。不过，这不是宇宙的终结。黑洞实际上并不完全是黑暗的。正如霍金（Stephen Hawking）首次指出的那样，亚原子粒子能够"挖地道"穿越事件视界（event horizon），回到正常宇宙中。与其他辐射一样，这会从黑洞中带走一部分能量。久而久之，黑洞也会蒸发殆尽。在超大质量黑洞的情况下，这个时间大概是——这也是本书中最大的数字—— 10^{106} 年。[1] 届时只会剩下稀薄的亚原子粒子。

别的物体最后也会这样。即使像质子和中子这样的物质也会衰减成为亚原子粒子——而所谓的固体物质，例如行星、小行星和彗星，都会经历与上文黑洞相同的量子隧穿效应，最终耗尽，成为虚无。一切都将是由亚原子粒子组成的冷气体，

---

1. 这是基于黑洞质量为 20 万亿倍太阳质量的计算结果。目前已知质量最大的黑洞是 NGC4889，其质量约为太阳的 210 亿倍。

略微高于绝对零度。这种气体的任一部分都不会比其他部分更
热，任何形式的生命都不复存在。

左右为难 [1]

　　每年，我都会和家人来到位于北约克郡海岸的罗宾汉湾
（Robin Hood's Bay）度假。除了享受冰激凌和炸鱼薯条外，
我们的主要活动之一，就是寻找化石。黏土峭壁的边缘、遍布
卵石的海滩，是菊石、卷嘴蛎 [2] 和鲨鱼牙齿化石的宝库。这个
过程总是如出一辙。通常，前 20 分钟你总是什么也找不到；
接下来，你会发现一枚化石——通常品相不是太好；然后，
你忽然发现到处都是化石。几乎每个拾起的石头中都包含一些
半淹没的史前生物，而且细节保存完好。

　　从熵的角度看，化石与旅游纪念照之间并没有太多差异。
如果说热力学第二定律告诉了我们什么大道理，那就是不存在
永恒。那块卷曲的黑色菊石看上去可能让人感觉很古老，但地
球上生命的整个历史也只是转瞬即逝，就像从飞流直下的瀑布
中溅起的一滴水珠。我们的生命形式是一种非凡的好奇心，是
恒星冷却以及宇宙中碳氧化的另一种方式。我们是达到目的的

---

1. 标题原文为 "A Rock and a Hard Place"，引申义为 "左右为难"。——编
者注
2. 一种已灭绝的软体动物，学名 Gryphaea，俗称 devil's toenail。原文中用
的是俗称。——编者注

手段。

　　如果这听起来很黯淡，那真的不是故意的。如果这触动了你什么，我希望是对宇宙想要剥夺你的东西——知识——的强烈渴望。或者说，你是宇宙疯狂愿望的一个化身，即觉醒并理解自身。我们了解到一些关于生命的深刻见解。无论我们在哪里找到生命，无论它的构成要素如何，它都需要一个恒定的能量来源。它会利用这种能量来组织自身，代价就是它周围环境的熵。它将远离平衡，因为平衡意味着死亡。

第六章

人 类

本章中，作者赌上自己微不足道的名誉，为一个生命起源的假设背书，并强迫自己通过了阻碍微生物发展成为微软帝国的演化瓶颈。

尤斯顿火车站（Euston Station）的售票大厅从此将变得不同。此时的我正路经此处，急于赶上火车。与此同时，我的脑海中充斥着各种各样的想法。必须说明的是，这些想法来自尼克·莱恩（Nick Lane），而不是我本人。尼克·莱恩是伦敦大学学院（University College London）教务长探索研究员（Provost's Venture Research Fellow）。当然，如果你像我刚才一样问莱恩本人的话，他会说这其中的一些想法来自麦克·罗素（Mike Russell）。麦克·罗素任职于位于美国帕萨迪纳市（Pasadena）的 NASA 喷气推进实验室（NASA's Jet Propulsion Laboratory），在约 20 年前首次提出了这些观点。

无事不登三宝殿，我此番来见莱恩是有事相求。为了获知外星生命出现的概率，我得知道我本人出现的概率。我们已然知晓，自太初以来宇宙就已开始它的"造人计划"，大自然似乎经历了精密的调校，开始形成原子。当然了，尝试是一码事，"造人"成功则是另外一码事。身处漩涡星系之中，环绕着平平无奇的恒星，这样的一颗小体积的含水岩质行星又有多少概率孕育出单细胞生命呢？这样的单细胞生命，又是如何以及缘何演变成拥有先进技术文明的智慧猿人的呢？

我将享用原始汤（Primodial Soup）

人们往往将科学家所谓的自然发生说的经典图景的提出归功于查尔斯·达尔文。尽管达尔文没有在他的公开著作中提及，不过在他 1871 年给自己的挚友，植物学家约瑟夫·胡克（Joseph Hooker）的信件中明确地表达了看法：[1]

> 人们常说，生命体首次出现的一切条件都是现成的，甚至可能一直就存在着。但如果（天！多大胆的假设！）我们能在一个温暖的小池塘里孕育生命，池塘里包含了所有类型的铵盐和磷盐，以及光、热、电等等，那么经过化学过程形成的蛋白质混合物就应能经历更复杂的变化。如今，这样的物质会立刻被吞噬或者吸收，不过在生命体出

---

1. 达尔文是个神秘的灵魂，因此他寄给约瑟夫·胡克的信成为所有达尔文研究的支柱。这些信件可见 Darwin Correspondence Project 官方网站。

现前，情况应该大不相同。

撇开信中的惊叹号不谈，看起来达尔文想表达的是：在适宜的条件下，非生命体有一定概率自发地形成生命。事实上，这正是自亚里士多德（Aristotle）以来就存在的非宗教性观点。尽管对于这些条件具体是什么已反反复复讨论了多次，我们至今依然相信这一观点。

20世纪20年代，达尔文的这一推论被俄国生物学家奥巴林（Alexander Oparin）和英国博学家J. B. S. 霍尔丹（J. B. S. Haldane）提炼为"原始汤"理论。这一理论的精华在于，当具备了应有的化学元素和能量来源时，分子出现自我复制是迟早的事。这些分子能够参与自然选择过程，并最终从中诞生生命。

那么，这些化学元素是什么呢？你大概已经知道，所有的地球生命都基于一种最非凡的元素：碳。碳热衷于"社交"，它急切地想与多种元素结合 —— 也包括它本身 —— 这样一来，千变万化的长链分子以及环状分子便得以形成。我们发现，碳在生物中往往与氢、氮、氧、磷和硫这五个老面孔在一起。[1]

有两种结构可恰如其分地被称作生命的"基本构件"。其

---

1. 如果你愿意把一串字母当作助记符的话，这几个元素常统称为CHNOPS，由各元素单词的首字母组成。

一是核碱基[1]，它构成了 RNA、DNA 和非常重要的能量运输分子 ATP。其二是氨基酸，它是蛋白质的构件。作为构件，碱基和氨基酸的构造并没有那么简单。下面，我将用我拙劣的画工试着强调这一点。

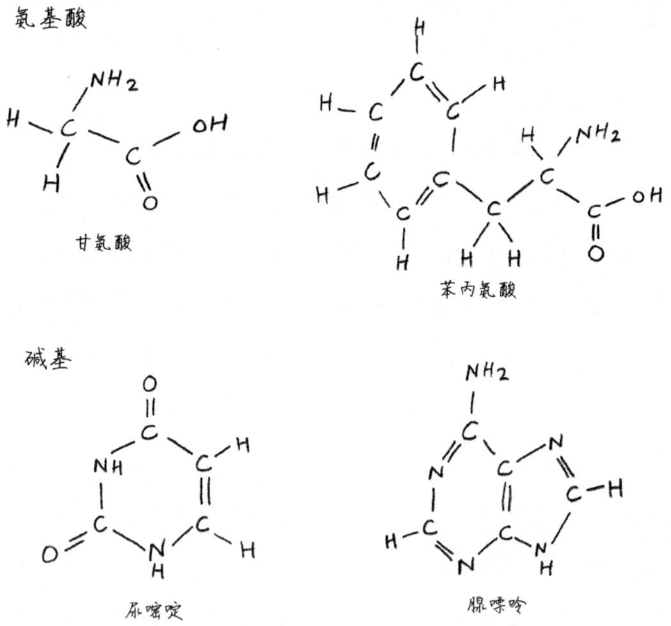

氨基酸

甘氨酸

苯丙氨酸

碱基

尿嘧啶

腺嘌呤

因此，原始汤理论的经典图景看起来是这样的。一个风雨交加的夜晚，在充满了有害气体的大气中，一道闪电从炽热的海洋上空劈下。这些气体在闪电的帮助下相互作用，形成了

---

1. 核碱基（nucleobase）指一类含氮碱基，生物学上通常简单称之为碱基。故下文中采用简称。——编者注

碱基和氨基酸等构件。然后，这些构件以雨水的形式落入海洋中。它们在海洋之中相互融合，进而形成最初的自我复制的分子。一小包分子被油膜包裹，就形成了第一个细胞。生命竞赛由此开始。[1]

缺乏能量和浓度

让我们回到 1953 年。彼时，芝加哥大学的诺贝尔化学奖得主哈罗德·尤里（Harold Urey）决定通过实验来检验原始汤理论。尤里的博士生斯坦利·米勒（Stanley Miller）将他们认为早期地球大气中的气体——氨气、甲烷、氢气和水蒸气——导入烧瓶中并通电，结果超乎寻常。在烧瓶的底部，生成了氨基酸，蛋白质的构件。

不仅如此，自米勒–尤里实验（Miller-Urey experiment）完成后，我们在一些遥远的地方，如彗星、陨石甚至星际空间都发现了氨基酸和碱基。[2] 这一发现相当重要，因为在地球最

---

1. 我感觉我有必要指出一点，原始汤理论也存在不同的流派。有些人倾向认为第一个出现的是自我复制分子，有些人认为是蛋白质，有些人觉得是细胞膜。但迟早，这三者你都会用到。

2. 为了限定这个笼统的说法，我在这里做如下说明：如今，在南极洲陨石上已经发现氨基酸样本，在彗星和星际空间中也已观测到它们的光谱。同样的，在南极洲陨石上也检测到了碱基的存在，它们的化学前体甲酰胺的光谱在彗星上得到了确认。我们在星际空间中已经观测到了氨基酸的光谱，不过——就我所知——目前还未观测到碱基或其前体。

初的 10 亿年光景中，彗星和流星曾不断地轰击这颗星球。在距今约 39 亿年前，地球表面遭受狂轰滥炸，那段时期被称为后期重轰炸期。原始海洋很可能曾经是由来自地球本身以及地球外部的氨基酸和碱基所构成的一锅汤。那么，启动我们所知生命的，会是闪电吗？

在众多当代演化生物学家 —— 和这位小品喜剧演员 —— 的心目中，对这个问题的回答是个礼貌的"不见得"，理由有两个。一是浓度问题。形形色色的对的分子在对的地点相遇，才能生成如自我复制分子那般复杂的物质。这也是为什么化学家更倾向于在试管里而不是在海里做实验。炽热的原始海洋可不是你能指望获得精妙的有机化学反应结果的地方。

作为一种解决方案，一些演化生物学家认为达尔文是对的，关键的反应发生于池塘之中，在那里，得益于蒸发作用，"汤"因此变得更加"浓稠"了。这说法乍一听倒颇有几分道理。但可别忘了，我们在之前提到过，早期地球时常被彗星轰击。生命起源的确切时间目前仍未有定论，人们对此有着激烈的争论。不过，简而言之，我们的确有大约 35 亿年前的名为"微生物垫"的化石证据，[1] 以及大约 37 亿年前存在细胞生

---

1. 在西澳大利亚州（Western Australia）皮尔巴拉地区（Pilbara region）的德雷瑟岩组（Dresser Formation），我们已经发现了 35 亿年前的微生物垫化石。微生物垫指的是细菌的群落。

命的化学证据[1]。有鉴丁此，绝大多数权威人士十分乐意将"原初"生命出现的时间推定在大约 40 亿年前。令人啧啧称奇的是，这比后期重轰炸期更早。不论"原初"生命是什么，它似乎都在这场灾难中幸存了下来。

不过对我来说，这一切在第二个问题面前，都显得微不足道。这就是能量问题。我们在上一章中知道，要维持生命，需要有信息量丰富的能量供给。闪电的电光石火可成不了事；生命需要一个喜欢慢工出细活的爱人。当我说慢的时候，我的意思是真的很慢；为了让自然选择发挥作用，我们需要能够持续供给十年、百年，甚至上千年的能源。所幸，前文提到的麦克·罗素在 20 多年前灵光一闪，描绘了他认为最恰当的地方。是时候见识你的造物主 —— 碱性热液喷口了。

永恒的生命之泉

你可能会问，什么是碱性热液喷口呢？最简单的解释是，它是海床上的热泉，因海水和一种常见的矿物橄榄石之间的化学反应而产生。橄榄石是一种由铁、镁、硅和氧组成的绿色晶体，与海水反应会形成蛇纹岩。尤斯顿火车站售票厅引人注目的外表就全部由蛇纹大理石铺就。这是一种绿色的石头，

---

1. 伊苏亚绿岩带（Isua Greenstone Belt）位于格陵兰岛西南部，距今已有 37 亿年的历史，其中的碳似乎是有机来源的。

有着白色蛇纹状的大理石花纹。我内心中的宿命论者不禁觉得这实在是太妙了。[1]

言归正传。当海水与橄榄石作用生成蛇纹岩的时候，会释放出大量的热。而这种富含矿物质的炽热流体便以海床上碱性热泉的形式上升。当它遇到海底冰冷的海水时，其中的矿物质就会沉淀下来，就像水壶里的水垢那样，产生了多孔的白色石灰岩喷口。位于北大西洋中央的"失落之城"（Lost City）就是一个著名的例子。大约 30 座嶙峋的烟囱如鬼魂般伫立于此，其中最高的可达 20 层楼高。[2]

麦克·罗素意识到，这些石灰岩上的微小孔隙，可能就是生命的起源之地。这个线索来自单细胞微生物的能量储存方式。本质上讲，单细胞微生物的储能模式就像微型电池一样，把质子从细胞膜的一侧泵到另一侧，由此细胞内部的正电性弱于外部。[3] 我们称这个现象为质子梯度。如果细胞内部的某种化学反应需要能量，质子可以通过细胞膜进入细胞内。此时该

1.　好吧，我们摊开来说。其实我不确定建筑工人口中的"蛇纹大理石"跟矿物意义上的蛇纹岩除了外观上相似之外还有什么关系。这里的意思是它们都是绿的，有着蛇形的图案。事实上，我也不能确定"蛇纹大理石"是不是跟大理岩有什么关系。它很可能就是在工厂里用砖渣做的。老实说，如果你想找不同事物之间的一致性，你总会找得到。

2.　事实上，也就这么一个例子。"失落之城"于 2000 年被发现，发现地靠近大西洋中脊，即欧亚板块与北美板块的交界处，该地纬度大约是北纬30 度。

3.　液体的酸碱度由它的 pH 值定义。pH 值是每立方米液体所包含的氢离子（质子）数取以 10 为底的负对数。

质子的能量会被用于创造能量分子 ATP，[1] 然后将能量带到任何需要的地方。

这就引出了一个问题：何苦呢？为什么不直接制造 ATP，而要大费周章地将能量储存在质子梯度中呢？麦克·罗素认为，这可能是早期生命的残留影响。麦当劳在 119 个国家售卖汉堡，却只用美元进行利润结算。这么做是因为第一家麦当劳店位于加利福尼亚州的圣贝纳迪诺（San Bernardino）。如此说来，或许单细胞微生物用质子进行"结算"是因为这就是它一开始的做法。而碱性热液喷口就是你一定能找到质子梯度的地方。

为什么呢？这是因为"酸度"和"碱度"不过是"质子浓度"的别称罢了。酸性液体中有很多质子，而碱性液体中则很少。如今的海洋呈弱碱性[2]，但由于大气中二氧化碳的浓度超高，从前海洋应该酸得多。[3]

---

1. 一旦 ATP 放弃了自身的能量，它就会转化为二磷酸腺苷（ADP）。这东西没听起来那么复杂。ATP 基本而言就是三个彼此相连的磷酸基连接块状碳分子。当一个磷酸基脱离 ATP，释放能量，剩下的两个磷酸基仍然会留在本体上。

2. 由于人为制造的二氧化碳，这种情况正在渐渐改变。全球海洋正变得越来越酸。事实上，海洋 pH 值变化的速度比过去 5 000 万年中的任何时间都要快上 10～100 倍。这件事情对海洋生命而言有好有坏，而我们都希望这件事情利大于弊。

3. 啊对了，有件事我忘了提。自有米勒-尤里实验之后，我们知道早期大气的构成远不是氨、氢气以及甲烷那么简单，早期大气中充斥着各式各样的氧化气体。不过我们是怎么知道这事的呢？答案就在锆石晶体中。最古老的锆石晶体可以上溯到 44 亿年前，它们的化学结构显示这些（转下页）

检查你的气孔

考虑到这一点，让我们放大原初碱性海底热液喷口的石灰岩烟囱中的一个气孔，看看里面的奥妙。神奇的是，气孔中充满了微小的气泡。每个气泡就好比一颗微型电池。气泡里面是温热的碱性流体，而外面是酸性的海水。二者之间隔了一层薄薄的硫化铁胶质膜，内外存在一个质子梯度。

这样的一个气泡，能否成为一些原初生命"开张营业"，利用天然质子梯度驱动化学反应的场所呢？我们在上一章中提到，要想使物质组织起来，就需要做功。多亏了膜内外的质子梯度，碱性海底热液喷口中的气泡得以拥有可随时使用的能量。不仅如此，这些气泡封闭的空间也使得它们成为富集化学物质的绝佳场所。这下子，浓度问题和能量问题就一口气都得到了解决。

不过，这并不是这种喷口唯一具备的有利条件，它们还拥有另一种对活细胞而言至关重要的成分：过渡金属元素。你不妨回忆一下元素周期表，会想起周期表中部是由一些颜色鲜艳的、密度大的、活泼性较弱的金属组成，这些金属有可靠的名字，如铁、镍、铜和锌。有没有想过，这些金属元素为何会被推荐为平衡膳食的一部分？关键的一点是，因为我们发现它们

（接上页）晶体需要在中等温度的水中和富含氮气、二氧化硫与二氧化碳的大气中形成。当然，肯定没有氧气。氧气要到大约 23 亿年前才出现，而且是作为产氧光合作用的副产品出现的。接下来会更详细地讲。

嵌入了数量众多的蛋白质之中。[1]

　　这是为什么呢？嗯……这是因为过渡金属是优良的催化剂。[2] 本质上来说它们是富有的慈善家，它们拥有一些不知道要用来做什么的电子，并且乐于将少量电子赠予需要的一方。因为它们之后可以从别的地方重新获得这些电子。例如，醇脱氢酶是肝脏中能够分解酒精的酶，它中间含有一个巨大的锌离子，已知其他 300 多种酶也是如此。这下我们搞明白了，过渡金属是最初的催化剂，随后被酶奴役。

　　细胞膜，质子梯度和过渡金属：在它们的共同作用下，碱性海底热液喷口成了生命的摇篮。并且，热液喷口深藏于海底，没有受到小行星在 7 亿年间不断轰击新生地球的影响，我希望这能引起您的注意。那么，这一切是如何发生的呢？要怎么做才能让非生命体变成生命体呢？

1.　大约 1/3 的蛋白质中嵌有过渡金属。
2.　化学家把一个中性原子获得或者失去的电子数称作无机元素的"氧化态"。例如铁，铁是特别乐善好施的元素，它很乐意获取 1~2 个电子，或失去多达 6 个电子。然后我们就可以说铁能有 −2 到 +6 的氧化态。那么有机分子呢？我们对有机分子氧化态的定义方式稍有不同。碳−碳键是中性的，而碳−氢键会令氧化态降 1，非碳原子则会令氧化态升 1。例如二氧化碳里的碳被充分氧化到 +2，而甲烷里的碳则被还原到了 −4。在地球这种被氧化的大气环境之中，甲烷在化学意义上比二氧化碳更不稳定。而在还原性大气中，也就是富含氢元素的大气之中，情况会是相反的。

给我一个单细胞生物

生命是由长链碳分子写就的交响曲，我们自然而然地需要一个碳来源。还有什么是比原始海洋中溶解的二氧化碳更好的来源呢？在长链分子中，我们最常看到碳原子与氢原子键合，因此我们也不得不去找氢的来源。水怎么样？我们有足够多的水。

没门！二氧化碳与水反应的确可以生成长链碳分子并释放游离氧，但这远非易事。植物能做到，但它们需要利用阳光，通过一种被称为产氧光合作用的复杂化学途径来实现。此外，产氧光合作用到28亿年前才首次出现。[1] 所以说，水是做不到这一点的。那么我们应该从哪里获取氢元素呢？

这就是碱性海底热液喷口的另一特性了：蛇纹石化（serpentinisation）过程中能产生大量的溶解氢。二氧化碳和氢反应生成甲烷和其他长链分子。不过，这一过程需要能量与催化剂参与，这就像你需要一根火柴和引火物才能给壁炉生火一样。就我们所知，这些气泡中不仅储存着可随时调用的能量，而且它们的膜由硫化铁构成，这是一种完美的催化剂。

在巨蟒剧团（Monty Python）[2] 的作品中，我最喜欢的一

---

1. 我们现在认为，产氧光合作用是在大约27亿年前在一种名为蓝细菌的单细胞生命体中进化而来的。到23亿年前，大气中存在的氧气就变得十分可观，从而引发了大氧化事件（Great Oxidation Event）。
2. 英国六人喜剧团体，约翰·克利斯是团员之一。——编者注

幕出自《万世魔星》(*The Life of Brian*)。"好吧，好吧，"约翰·克利斯（John Cleese）扮演的革命者如此说道，"除了更棒的医疗设备、药品、教育、灌溉系统、公共卫生、公路、淡水系统、道路和公共秩序……罗马人还为我们做了什么吗？"在与尼克·莱恩闲聊以后，我有了相同的感受。除了避开陨石撞击、细胞膜、过渡金属、质子梯度、硫化铁催化剂、溶解氢和二氧化碳……碱性海底热液喷口又为我们做了什么呢？

推着碳上山

毫无疑问，让硫化铁气泡中几个小小的碳分子转化为单细胞生命，是无比漫长的过程。可是，与原始汤这种像是从帽子里变兔子一样的理论不同，我们这里所说的基于海底热液喷口的原初生命是有步骤地演变的。麦克·罗素的成就之一，就是证明单个气泡的硫化铁膜具有渗透性。这意味着，小分子能够透过的同时，大分子会被束缚，为进一步的反应做准备。

从最广泛的角度来说，二氧化碳和氢反应，首先会生成小的含碳分子，例如甲烷、甲酸和乙酸。[1] 这些分子都能够透过硫化铁膜。在下一个阶段，这些小分子将共同反应并生成中尺度的分子，如氨基酸与碱基。这些物质不能透过膜。它们就像

---

1. 我知道你很想知道它们的化学式，甲烷是 CH_4，甲酸根是 $HCOO^-$，乙酸根是 CH_3COO^-。

是瓮中之鳖，等待着进一步的反应，生成越来越大的分子。

关键的一步，是创造出第一个能复制自己的长链碳分子。用术语表示，就是自我复制。在现代生物中，这一工作是由 DNA 完成的，但这对于原初生命体来说不太可能。首先，DNA 有着复杂的双链结构，有点像"螺旋楼梯"，这种楼梯由"阶梯"和"扶手"构成。"扶手"是磷酸基团和核糖，而"阶梯"则是碱基对。[1]事实上，你可以认为一个 DNA 分子差不多是由两个 RNA 分子融合而成。[2]这导致许多人认为，先有 RNA，然后 RNA 才进一步演变成 DNA。

这一假说的有力证明在于，从本质上说，DNA 是被动的。要想解码 DNA，先将它翻译成氨基酸配方，再将这些氨基酸聚合形成蛋白质，这个过程需要 RNA。考虑到 RNA 能够将代码写入 DNA 中，并催化多种反应，你现在可以脑补一位忙碌的主厨正在把他最爱的菜谱写入一本食谱书的场景了。在这里，RNA 就是这位主厨，而 DNA 就是那本食谱。这暗示在早期生命阶段，在 DNA 之前，是由 RNA 掌控厨房的，这一阶

1.　这种刚性结构使得它十分稳定。我最爱的科学事实之一，就是从一个发现于西伯利亚的洞穴中的 13 万年前的尼安德特人（Neanderthal）的脚趾骨中，提取出了真实有效的 DNA。这一工作为尼安德特人的基因组测序创造了条件，并为《侏罗纪公园》（*Jurassic Park*）的情节增添了真实性。接下来，我们也会多讲讲尼安德特人。

2.　这里主要有两个不同点。首先 RNA 的碱基是尿嘧啶，而 DNA 的是胸腺嘧啶；另外 DNA 的核糖比 RNA 的核糖少一个氧原子，因此它们的名字分别为核糖核酸（RNA）和脱氧核糖核酸（DNA）。

段被演化生物学家称为"RNA世界"。恐怕那时的生命不是我们如今知晓的模样。

像莱恩这样的研究者一直梦寐以求的，就是在一个碱性海底热液喷口模型中创造出RNA。作为我此行的高潮，他带我进入一间原始的实验室：工作台上放了一个如泥瓦匠的保温瓶那般大小的玻璃圆筒，它的周围遍布拖出来的电线和电子监测器，看起来就像是一个用了生命维持系统的熔岩灯[1]。我瞥了一眼那个玻璃圆筒，并不确定我可能会看到什么。科学怪人的分子？大概吧。在这个看上去毫无生机的实验中，真的会有新生命迈出第一步吗？

垃圾场里的波音747

对原始汤理论最著名的批评之一，是弗雷德·霍伊尔提出的。他在1981年出版的《智慧的宇宙》（*The Intelligent Universe*）一书中，表达了对诸如单细胞生物这么复杂的物质可能是意外产生的困惑。霍伊尔的评论带着典型的约克郡冷淡风格，他是这样表达的：

> 一个废品回收场里有波音747的各种碎片和构件。

---

1. 熔岩灯，由一名英国工程师克雷文·沃克（Craven Walker）发明，利用热能原理产生光影变幻效果。——编者注

它们被拆解，杂乱无章地摆放在回收场里。此时，一阵旋风呼啸而过。在旋风过去后，一台完整组装好并随时可起飞的波音 747 出现在这个废品回收场的可能性是多少呢？这个概率基本上可以小到忽略不计了，即便是一场飓风，吹遍全宇宙足够多的废品回收场也不行。

那么，碱性海底热液喷口中的硫化铁气泡薄膜内外的一个质子梯度能不能做到飓风所做不到的事情呢？在我与尼克·莱恩会面之后，我决定站在"能"的一方。最关键的一点是，与飓风不同，热液喷口不需要一次性就构建成完整的细胞，它可以逐步完成。一开始，它只需要完成简单的工作，类似于让一个二氧化碳分子和氢相互作用生成甲烷之类的；接着，它需要合成基础构件，例如氨基酸和碱基；这一步完成后，任何大分子都将无法逃脱，而是被胶质的硫化铁气泡束缚，进而促进生成更长的链：诸如蛋白质和核酸。

现在是紧要关头。生命可不是盲目射击，而是一记灌篮。我们应该期望，在任何有向酸性海洋中喷出碱性流体的热液喷口的地方，都能找得到生命。而这些热液喷口是所有新生的、火山活动活跃的含水岩质行星的特征之一。生命远不是统计学意义上的侥幸，而仅仅是由二氧化碳与氢气反应生成甲烷的化学途径。或者，正如麦克·罗素简要概括的那样："生命的意义在于使二氧化碳和氢化合。"

第 ·个到达派对现场

这是真的吗？毋庸置疑，生命很快就在地球上开始了繁衍。为了了解这个过程有多快，我们来回忆一下行星系统是如何形成的。首先，超新星爆发产生的激波在附近气体和尘埃中制造了一个个高密度区，这些高密度区在引力作用下坍缩，形成新的星团。对每一个新生的太阳系来说，随着凝聚，它将旋转得越来越快，并被压扁而呈盘状。这和滑冰运动员在旋转时收回她的手臂，旋转速度增加是一个道理。

在盘状结构中，行星开始在引力作用下集聚。原恒星的温度直接决定在哪里形成哪种类型的行星。岩线位于恒星附近，这里的温度足够低，能让岩石固化。小型的岩质行星在这里生成，例如水星、金星、地球和火星。再向外是雪线，其外水、甲烷和氨都呈冰冻状态，冰巨星天王星和海王星就位于此。木星和土星这样的气态巨行星则位于雪线和岩线之间。[1]

最后，随着温度和压力持续增大，原恒星被"点燃"，核聚变由此开始。带电粒子不断地轰击新生的太阳系，把行星周围的气体和尘埃都吹走，只留下光秃秃的行星。这些行星的地

---

1. 岩质行星体积偏小，这既是由于本来就没有太多可供吸附的岩石，也是由于它们的轨道较小，供它们吸附物质的轨道也更短。像木星这样的气态行星则处于所谓的"最佳击球点"，这个区域有很多物质，同时木星也有比较大的轨道。相比之下，冰行星的轨道更大，不过物质就要少一些，所以它们的个头就稍小。在冰行星之外的天体往往有巨大的轨道，但获取物质的概率更低，所以会出现像冥王星这样的矮行星。

平线上第一次迎来母恒星的光芒。到这个时候，太阳系差不多
经历了 5 000 万年的光景。又过了 5 000 万年，地球才变得和
今天差不多。这时的地球有浓厚的二氧化碳大气层，陆地面积
很小，海洋呈酸性。

　　下面是重点。仅仅 3 亿年后，我们称之为地球生命最后
的共同祖先（LUCA）的生物，正在碱性热液喷口艰难地生存
着。它利用喷口流体与海水之间的质子梯度来使二氧化碳氢
化——这意味着氢原子替代了二氧化碳分子中的一个或者两
个氧原子——同时释放了能量。

　　就我们所知，LUCA 并不是最初的生命。它是数百万年
以来演化的产物，其中一个阶段很可能以 RNA 为基底。几乎
可以肯定，其他形式的世界肯定早于这个 RNA 世界，但它们
的自我复制分子却绝迹了。不管你怎么算，3 亿年对于生成
LUCA 这样复杂的生物而言都不能算长。生命并不稀有，至少
是以原始细胞形式存在的生命并不稀有。它开箱即用。

　　当然，即便是我提到的 LUCA，也没能脱离热液喷口的
保护。要想离开的话，它需要生成能自己形成质子梯度的细胞
膜。这是通往复杂生命的演进道路上的一个路障吗？恐怕未
必。事实或许令人感到意外，但越来越多的证据表明，LUCA
不只离开了热液喷口一次，而是两次。

掀开演化的面纱

自打达尔文勾画出他的第一棵"生命之树"，表达了他的观点，即地球上所有的生命都演化自一个共同的祖先之后，生物学家们一直在为物种间的演化顺序争论不休。这门问题重重的学科，试着根据生物本身的特性对其进行分组，正式的名字叫作分类学。

这个分类游戏的要旨在于，先按生物的共有特性对它们进行分类，再根据一定的演化次序对这些类别进行排序。从一个层面来看，这非常合情合理。这一宏大的演化进程或多或少可以被总结为一个由简单向复杂演变的过程，因而你可以对生物按照时间轴来进行筛选和分类。演化过程的这一端是诸如单细胞细菌的简单生命，而另一端则是像猛犸象这样的复杂的多细胞生物。可是，当我们仔细研究时，却发现其实并不是这么一回事。

首先，两个物种越是相近，它们的外观就越相似，对它们进行排序的难度也就越大。这个工作做起来并不容易，因为性状很容易出现，也很容易消失。虽然演化的方向在大尺度上是从简单到复杂，但在较小的时间尺度上来说，可能反反复复。人类就是一个典型的例子。尼安德特人仅在约 3.9 万年前和我们一起生活在欧洲北部，他们的大脑比我们大，很可能比我们更聪明。如果一个外星分类学家在几百万年后来到荒凉的地球上，发现人类和尼安德特人的头盖骨，他将尼安德特人视作两者中更晚近的人种也是可以理解的。

这还不是最糟的，我们还需要面对趋同演化。在接下来的第七章中会提到更多细节。有些性状一次又一次地出现，是因为大自然在应对相似的问题时倾向于给出类似的解决方案。眼睛就是一个很好的例子。眼睛曾多次独立地演化。例如，人类的眼睛和章鱼的眼睛都像照相机一样，非要说有什么不同的话，章鱼的眼睛被设计得更好：它们没有盲点。这种情况对于分类学家而言实属不幸，因为这意味着看上去相似的生物并不一定是近亲。

所有这些复杂的因素结合在一起，导致分类学成为科学中几乎最饱受诟病、最充满争议且最可能产生内讧的学科。[1] 不过，这一情形在 DNA 测序技术发展以后就改变了。正如我们已了解到，DNA 分子呈螺旋阶梯状，它的"扶手"由交替的糖和磷酸基团构成，而它的"阶梯"则由四种碱基——鸟嘌呤、腺嘌呤、胸腺嘧啶和胞嘧啶组成。无论变形虫还是鸵鸟，创造这些生物所需的所有信息都储存在这些碱基的准确序列中。

这听起来似乎有些复杂，不过 DNA 的运作模式可以简单地通过重命名四种碱基（G、A、T、C）来表示。简单地说，这

1.　在 DNA 测序技术诞生之前，生命被分为五大类别：*动物界、植物界、真菌界、原生生物界以及原核生物界*。在五个界之下，又通过门、纲、目、科、属、种对生物进行细分。以智人（*Homo sapiens*）为例，我们隶属于动物界、脊椎动物门、哺乳动物纲、灵长目、类人猿科、人属、现代人种。

些碱基构成了一个有四个英文字母的字母表，能被用于组成两种DNA。第一种称为"编码区"，它掌控着制造所有宿主生物所需的蛋白质的制造方法。例如，你的DNA中有这么一个编码区——或者说基因——它负责制造血红蛋白（haemoglobin）。血红蛋白是血液红细胞内的载氧蛋白质。

第二种被称为"非编码区"，相较于前者它更加神秘。它们的数量远远大于编码区——大约占人体DNA的98%。它们就像编码区的"开关"，也充当着"旧货栈"，其中存储着一些可能在以后会用到的编码。

我们所说的基因组就是一套完整的生物DNA。自1977年弗雷德·桑格（Fred Sanger）发明DNA测序技术以来，转录生命体的完整碱基序列得以实现。如今，一切都归结为这一点。曾经，遗传性只是一种观点，如今它却已是事实。由此，我们可以掀开生命体的神秘面纱，读取它的遗传密码，并将其与其他生命体的密码进行比对，从而我们可以知晓这两种生命体之间有多少关联，并且基于生物的基因组，而非外表特征来构建生命树。这一新学科被称为系统发生学（phylogenetics），它改变了生物学。

选择你的域名

系统发生学领域最早的重大发现之一来自美国生物学家卡

尔·乌斯（Carl Woese），他发现了一个新的生命分支，而该分支此前就藏在人们眼皮子底下。不过，我说的并不是"大脚怪"。我很确定，就算是分类学家也会发现他们是华盛顿州旅游局的人穿着皮毛服装假扮的。[1] 乌斯发现的这个生命分支，普遍都小得可怜。事实上，它们都是微生物。

简而言之，乌斯发现，我们一直所说的细菌实际上存在着两类完全不同的单细胞生物。尽管在显微镜下它们看上去十分相似，但在基因层面的差异却超乎人们的想象。不仅如此，显然它们都不是对方的祖先，它们的古老程度可谓是旗鼓相当。

当时，人们认为地球上的细胞仅分为两种：一种有细胞核，称为真核生物（eukaryote，希腊语，意为"真正的核"）；另一种没有细胞核，称为原核生物（prokaryote，意为"有核之前"）。[2] 顾名思义，人们从前认为，原核生物早于真核生物出现。然而乌斯发现，原核生物实际上可被分为两种，它们之间的差异不亚于真核生物和原核生物的差异。他提出了一种新的生物分类体系，将它们划为三域：真核域、细菌域和古菌域。

细菌域和古菌域之间最显著的差异之一，就在于它们的细胞膜结构。尽管它们的构件都是一端带有亲水性磷酸盐分子

---

1. 只有我发现美国大脚怪目击事件最多的州和飞碟首次被目击的州是同一个吗？
2. 让我们回看下五大界：动物、植物、真菌和原生生物都是真核生物。要是你想知道的话，原生生物是单细胞真核生物，其中最著名的例子就是变形虫。

的脂质，但构成细菌细胞膜的脂质是脂肪酸，而构成古菌细胞膜的脂质则是异戊二烯。[1] 如果生命起源于原始汤，怎么能出现这种情况呢？如果确实存在两种具有不同细胞膜的单细胞生命，难道说刮过垃圾回收场的飓风，不只装配了一架波音747，而是两架？

当然，碱性热液喷口为我们提供了一种可能的解释。为了逃离喷口，生活在喷口的LUCA需要演化出细胞膜。事实上，它也这么做了，而且做了两次。其中一次演化造就了细菌，而另一次则产生了古菌。它们都独立地演化出了自己的质子泵，这是一种位于细胞膜内部，能够重新创造质子梯度来驱动LUCA新陈代谢的微型机制。这两个域的生物如今依然采用着这样的机制，通过让质子泵过细胞膜来储存能量，然后让它们返回，从而产生ATP。

现在，一切都很好。有了碱性热液喷口，很容易就能产生LUCA。细胞膜也是，它们很容易就演化了两次。那是不是一路走来都会如此？从单细胞生物到科技高度发达文明的每一步，是否都可以视作串联的多米诺骨牌呢？如果你希望答案是肯定的，那么我要让你失望了。智慧生命的诞生似乎取决于一件不同寻常的事件。如果你对生物学所知甚少，我只能告诉你：你会被吓一跳的。

---

1. 脂肪酸基本上是Z字形的碳氢链。异戊二烯也是，但它还有分支，同样由碳氢原子构成。

双方的厄运来了 [1]

让我们梳理一下截至目前我们都知道了些什么。我们已经知道，地球生命最后的共同祖先是在短时间内经历了一系列高概率事件形成的，远远不是统计学上的"垃圾回收场飓风组装波音飞机"那么简单。我们当前的最佳猜想是，它在硫化铁气泡中开始了运作，并获得了碱性热液喷口的石灰岩烟囱的庇护。至少有两次，它带着全新的细胞膜驶入海洋。我们今天的细菌和古菌，就是这两种存在竞争关系的物种的直系后代。至关重要的是，接下来发生了什么呢？答案是……什么都没有发生。

对于智慧生命的拥趸来说，一个令他们感到悲催的事实是，细菌和古菌就这么默默无闻地维持着它们的单细胞形态，从出现至今一直如此。40亿年过去了，它们就这么毅然决然地拒绝演化成任何与复杂多细胞生命类似的东西，更别说演化成高科技智慧生命了。

事实上，它们也完全没必要做出什么改变。不论我们人类怎么想，世界都是属于古菌和细菌的。它们毫无疑问是地球上最成功的生物，没有之一。即使在我们的身体中，它们的数量也是我们细胞的 10 倍。在海洋、大气、盐湖中，甚至是核

---

1. 标题原文 "A Plague on Both Your Houses"，语出《罗密欧与朱丽叶》。——编者注

反应堆中，我们都能发现它们的踪影。几乎任何存在能量来源的地方，细菌和古菌总能找到利用能量的方法，但绝不是为了变得复杂。它们所有的演化都是生化意义上的。从结构上来说，它们一直都是装着化学品的简单的袋子，除了繁殖、进食、排泄、死亡，它们基本什么都不做。

但这并不表示它们在地球上就没有留下自己的印迹。它们最突出的贡献之一，就是向大气中排放氧气。这是原始地球上完全不存在的一种气体。我们目前已知的游离氧存在的证据来自 23 亿年前，这大约发生在 LUCA 的气泡爆裂并离开热液喷口的 15 亿年之后。这个事件被称为大氧化事件，它标志着细菌发展出了一种复杂的生物化学途径，即产氧光合作用。它利用太阳光从水中获取电子，并将这些电子强加给二氧化碳。这种作用能够固定碳，并将氧气作为废弃物释放出来。[1]

众所周知，氧的性质相当活跃，一旦进入大气，就会迅速与任何它能从中获得电子的物质结合。很快，它就使金属生锈，氧化盐类，将大气中的甲烷转化成二氧化碳。甲烷是强效温室气体，它的消失对气候影响巨大。事实上，甲烷浓度下降是触发休伦冰期的重要因素之一。当时地球气温骤降，极地冰盖仿佛脱缰野马般迅速扩张，导致整个地球都被冻住了。这个

1.　其实首先出现的是其他种类的光合作用。事实上，我们在地球上拥有的最早的生命迹象之一是所谓的"条带状铁建造"（banded iron formation），最早出现在 32 亿年前，是由一种早期光合作用引发的。这种光合作用依赖的是铁，而不是水。

时期的地球被称为雪球地球（Snowball Earth）。

　　事情大概就是这样。不过，这次非同寻常的事件彻底改变了地球生命的发展轨迹。如果没有这次事件，我们恐怕还生活在一个只有微生物的世界里。这个世界不会有动物、植物和真菌，连变形虫都没有。除了奇形怪状的细菌菌落，几乎没有肉眼能看到的生物。现在我们可以说，这样的非凡事件只发生过一次，并创造了一种全新的生物，即真核生物。与细菌和古菌不同，真核生物是高度组织化的，并有细胞核。关于这种生物的起源大部分仍然是个谜，但我们知道，它们是由饥饿的古菌吞噬细菌形成的。

强大的线粒体

　　世界上有两种原核生物，一种能够利用无机物自己制造食物，称为自养生物；而另一种以其他生物为食，称为异养生物。不论哪一种进食方式，最终的目的都是为了生成葡萄糖。然后，在呼吸作用中，燃烧葡萄糖以产生能量。这个过程通常被称为克雷布斯循环（Krebs cycle）[1]，这是一种循环发生的系列生化反应，它能够将质子泵过细胞膜，在回流时生成 ATP。

　　我为什么要告诉你这些呢？因为在大约在 20 亿到 15 亿年

1.　即三羧酸循环。——译者注

前，一个异养古菌吃掉了一个自养细菌，至少它尝试这么做。它尝试吞噬并消化这个细菌，无疑是希望能把这个细菌分解成糖类，然后就能够用来进行自己的克雷布斯循环了。对我们而言万幸的是，它失败了。

这个细菌活了下来。事实上，它可不仅仅活了下来，还苗壮成长起来了。这两个生命体经过谈判，达成了一个微妙的协议。这个细菌永久地生存于古菌内，也就是生物学家所说的内共生。作为对庇护所和持续葡萄糖供给的回报，细菌利用自身的克雷布斯循环为古菌提供 ATP。从结果来看，它成了自己宿主的动力来源。为什么这一切那么惊世骇俗呢？原因与从前一样，与能量和信息有关。

细菌和古菌通过将质子泵过细胞膜的方式储存能量，这导致一个问题。细胞越大，它们的细胞膜相比于自身的质量就越小，它们的运作效率就越低。细胞膜只有一个，而被奴役的细菌可是要多少有多少。通过把呼吸作用外包给一支向它臣服的细菌军队，古菌就得以生成海量的能量。从而有可能生成一个全新的复杂体系。这些细菌慢慢变成了线粒体，真核细胞由此诞生了。

在下下页中，你可以看到我绘制的图像。它们与原核生物截然不同。如果说细菌和古菌是简朴的小镇，真核生物就是耀眼的城堡，里面到处是引人注目的新结构。此前我们已经提到，动力装置是线粒体，这是一个精简的自养细菌，它的功能是为细胞供给能量；细胞核就像一个版本图书馆，如今几乎储存着无穷无尽的 DNA。不仅如此，这些真核细胞还拥有一座能够让 RNA 合成蛋白质的工厂，称为内质网，以及一个 UPS 快递服务中心，即高尔基体，它能够打包并向外输送蛋白质。细胞中还存在一个名为细胞骨架的道路网络，它贯穿全细胞，代谢物能在其中畅行无阻。最后，细胞里还有一个垃圾处理系统，称为溶酶体。生命 2.0 时代正式到来。

给我氧气

复杂生命的时代从此到来。大约 6.35 亿年前，当雪球地球迎来终结时，第一批多细胞生物尝试探索新生的温暖浅海。[1] 我们将这个时期称为埃迪卡拉纪。这一时期见证了一些新奇生命的诞生，也见证了氧浓度急剧增加。如果你想看一看这些真正看起来像外星生命的生物，你可以用谷歌搜索埃迪卡拉生物群看看。

"生物群"——即"生物系统的活的部分"——这个名字取得好，因为在很多情况下，我们很难说我们拥有的埃迪卡拉纪的化石是由海绵、植物、真菌、水母还是其他完全不同的东

---

1. 我们曾经认为氧气的增加相当于在演化过程中"松开刹车踏板"，让复杂生命的演化成为可能。而今我们相信，这个过程是反过来的。埃迪卡拉生物群（Ediacaran biota）在演化中通过滤食和挖掘作用氧化了海洋和海床。

原核细胞

真核细胞

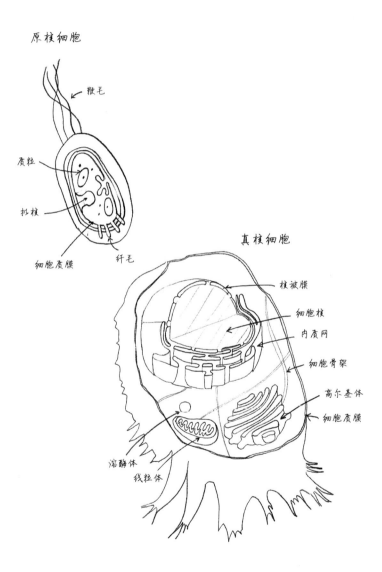

西构成的。最早的化石看上去是一些巨大的盘状生物，它们扎根于极深的海床之中。这些生物没有嘴巴或四肢，我们甚至无法断定它们的内部是否有器官。我们最好的猜测是，它们与微生物垫相依为命，通过表皮吸收养分。

虽然这些奇怪的生物看着很陌生，但它们代表了通向智慧生命的关键一步。不仅仅是因为个体尺寸带来的安全性——一个异养微生物很难吞下一个海绵——还因为它们带来了更高的能源效率。况且，用氧气燃烧葡萄糖所产生的 ATP 远大于由发酵作用产生的 ATP。然后，你就能看到有大量多余能量能用于提高生命的复杂程度了。[1]

在埃迪卡拉纪末期，复杂生命的爆发可谓前无古人，后无来者。几乎是一夜之间，一种全新的奇异生命遍布全球。我们称它们为后生动物，或动物。恰如其分，我们把这次惊世骇俗的爆发称为寒武纪大爆发（Cambrian Explosion），它带来的反响可以在今天所有的智慧生命中看到。又一次，这些生命的革新之处在于对能量的处理。我就实话实说了：生命演化出了嘴巴、肠道和肛门。

---

1. 因为真核细胞出现的时候氧气浓度相对较低（在大气中大概占 1/100），看起来原初的线粒体并没把葡萄糖放在氧气中燃烧，而是选择了发酵。内共生理论的鼻祖，林恩·马古利斯（Lynn Margulis）（顺带一提，她是卡尔·萨根的前妻）有不同的观点。她相信最开始的线粒体是好氧的（消耗氧气），而不是厌氧的（发酵），考虑到当时海洋里富含游离氧，这也就是为什么古菌作为宿主这么喜欢它们。谁是对的呢？我老爸曾经教育我，有些事情要学会自己判断。

我们有了两侧对称的三胚层！

在加拿大不列颠哥伦比亚省落基山脉的高山上，坐落着一个小型石灰岩采石场，被称为布伯吉斯页岩（Burgess Shale）的地层所贯穿。这里堪称古生物学界的庞贝古城（Pompeii），发掘了被认为是历史上最重要的化石。5.41亿年前，在寒武纪之初，一场泥石流流入一片浅水，吞没了种类繁多的生物。所形成的化石基本完好无缺，就像是史前海洋中撒下了一张渔网，捕捞后被拉到甲板上一样。

话虽如此，这些千载难逢的猎物没有一种是你愿意拿来油炸，然后就着薯条吃的东西。例如，欧巴宾海蝎（Opabinia）像是穿着舞会裙的一条鼻涕虫，还长着一个不吉利的钳子。埃谢栉蚕（Aysheaia）则长得像一卷亚麻油地毡，一端长着嘴巴。马尔三叶形虫（Marrella）长得就像一条浮夸的鳟鱼诱饵。然而，虽然它们看上去很诡异，但这些早已灭绝的生物却有着我们人类所继承的基本身体构造。简单地说，它们有两侧对称的三胚层[1]，并且自豪地拥有消化道。

这最后一点相当重要。因为 —— 你可能已经猜到了 —— 消化道是增加能量的另一种方式。把整个生物从一端塞进来，用牙齿将其咬碎，在肠道里用酶消化，再把产生的葡萄糖运送

---

1. 两侧对称，也就是你猜测的那样，意味着左右互为镜像。三胚层则指为消化道准备的体腔。

给线粒体，生成可观的能量……你还能想到比这更好的生活方式吗？更别说还有这么一个时刻，你可以惬意地将所有不想要的东西排泄出去。

没人能够确定这些没有嘴巴和视力的埃迪卡拉动物变成了什么，但一个合理的猜想是，它们中的许多成员在生命最后的时光是在两侧对称的三胚层生物的肠道里度过的。这些有着捕猎和进食的能力、来自特定分支的多细胞生物正大展拳脚，从海洋中汲取大量能量，并逐步增加自身复杂程度。相信你们大部分人都知道后面的故事了。和所有最精彩的故事一样，它巧妙地分为三幕：第一幕，生命开始在陆地上繁衍；第二幕，恐龙崛起；第三幕，我们幸运地生活在其中，见证了哺乳动物称霸地球。

鱼和植物时代

古生代始于寒武纪大爆发，至二叠纪大灭绝（Great Dying）结束，约占复杂生命存在总时长的一半。尽管那时已不再是雪球地球了，地球仍然经历了两次冰期。[1] 其间主要发生的事件有陆生植物演化，以及后来鱼类演化为两栖动物，再演化成四足的陆地动物，这些动物被专业人士称为四足动物。到了

---

1. 安第斯-撒哈拉冰期持续了 3 000 万年，跨越了奥陶纪-志留纪灭绝事件。卡鲁冰期则出现在石炭纪，大约持续了 6 000 万年。

二叠纪末期，即古生代的第六个时期，同时也是最后一个时期 —— 参见我在下一小节写的地质年代指南 —— 大量的三叶虫和鱼类在大陆架上生活，长有可怕獠牙的史前哺乳动物丽齿兽（*Gorgonopsid*）在森林中漫步，体型最大的丽齿兽与灰熊大小相当。

事实上，你恐怕没有机会遇到丽齿兽，顾名思义，二叠纪大灭绝是我们已知的五次大灭绝事件中规模最大的一次。[1] 当你听到阿尔·戈尔（Al Gore）谈及全球气候变暖的时候，大灭绝正是他所担心的那种噩梦般的情景。在大灭绝时期，所有大陆都聚集在一起进行地质上的"爱的大聚会"，形成了一个巨大的大陆，即泛大陆。裂缝般的火山产生的岩浆地毯有欧洲大陆那么大，并释放出海量的二氧化碳，导致温室效应失控，全球平均气温因此大约上升了6℃。

你可能知道，洋流依赖于极地的冰。富氧的水在那里下沉，在热带地区受热上升。当极地冰像从前二叠纪大灭绝时期那样融化时，洋流就会中止，热带地区海水的含氧量将降低。这对耗氧的海洋生命而言无疑是场浩劫。不仅如此，泛大陆的中央区域将会变成荒凉的沙漠，新演化的地面物种将被彻底根除。总的来说，令人震惊的是，到古生代末期，每20种物

---

1. 我知道你想了解，所以让我们来罗列一下五次大灭绝的时间：奥陶纪-志留纪，泥盆纪晚期，二叠纪-三叠纪，三叠纪-侏罗纪，白垩纪-古近纪。

种中就有 19 种灭绝。在你下次加满柴油的时候，好好想想这些吧。

恐龙时代

接下来是中生代，也终结于一场大灭绝。[1] 由于全世界儿童无休止的兴趣，这一温暖的地质时期是我们最熟悉的，它可细分为三叠纪、侏罗纪和白垩纪。三叠纪基本上见证了自大灭绝以后生命的复苏。随后，在三叠纪与侏罗纪之交，许多人相信在这个时期地球曾经历过一次陨石的撞击，这一事件造成的灭绝使恐龙得以崛起，并见证了我们的直系祖先哺乳动物的诞生。当白垩纪来临之时，哺乳动物已经分化成了两大类：一类哺乳动物依靠腹部的囊袋孕育幼仔，另一类哺乳动物则通过胎盘完成这个过程。灵长目动物（包括我们）就是这类有胎盘哺乳动物的后裔。

现在，我们来到了我们目前时代的边界，即新生代。前面提到，中生代大约在 6 600 万年前结束于一声巨响。彼时，

1.　现在你大概已经发现，地质时期通常由灭绝事件来定义。通常偏红的富氧岩石（如石灰岩和砂岩）之后是黑色的不含氧岩石（如板岩和页岩）。地质时期还会以首次发现的地方命名，例如寒武纪实际上是威尔士的拉丁语；志留纪以威尔士部落西卢尔人（Silures）命名。侏罗纪的名字来自汝拉山脉（Jura Mountains），靠近位于瑞士的欧洲核子研究中心。泥盆纪以德文郡（Devon）命名。

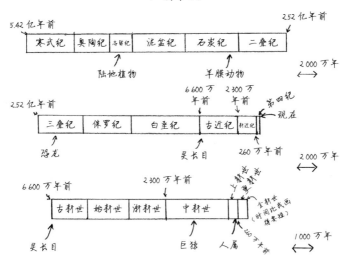

地质年代

一颗来自外太空、直径足有数万米的巨大陨石狠狠地坠落到
墨西哥的尤卡坦半岛上，所释放的能量是落在长崎的原子弹
的 10 亿倍。当这样的随机大灾难发生时，似乎总是站在食物
链顶端的大型捕食者首当其冲。在那时，这样的捕食者就数
恐龙了。在它们之中，只有鸟类存活了下来。[1] 我们都知道，
我们的祖先，有胎盘哺乳动物对于能够霸占这个缺口可谓是
相当高兴。

1. 其他一些大型物种如鳄鱼也安然度过了白垩纪–古近纪灭绝事件。

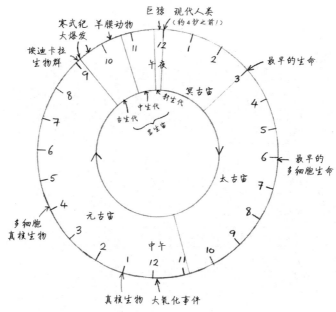

用一天时间表示地球上的生命史

哺乳动物时代

　　如你所见，演化常常是一个时断时续的过程。循环的第一步是辐射（radiation）[1]，随着生物适应新的生态位，各种各样的基因组合得以出现。下一步则是少数几类生物的统治阶段：

1.　在较短时期内，单一世系成员的演化趋异和大规模多样化，并因此占据了一系列不同的生态位或适应带的现象。——编者注

例如，志留纪和泥盆纪的陆生植物。[1]接下来会出现一次灭绝，其中绝大多数物种会被随机抹去，从此在地球上消失。对于丽齿兽来说，它们的末日是二叠纪大灭绝。之后，这个循环重新开始。果不其然，爬行动物在三叠纪的辐射，见证了恐龙在侏罗纪和白垩纪的崛起。

恐龙时代是温室时代。之后，全球温度在新生代经历了缓慢下降，导致了现在所处的第四纪冰期。这次冰期始于260万年前。我知道你在想什么，你并没有意识到现在是冰期，但第四纪的一大特征就是极地冰盖不断扩张和消退。冰盖扩张的时期称为冰期，冰盖消退时则是间冰期，这两种时期交替出现。我们如今处于全新世间冰期，这一时期的温度在过去1.1万年中都很稳定。

我想说的重点是，有观点认为，在极地冰盖形成后，地球会变得干燥，非洲的森林面积开始缩小，草原取而代之。[2]众所周知，森林是猿的自然栖息地。这是否会是一种选择压力，迫使我们的祖先离开树木？不管出于什么原因，我们的祖先和黑猩猩的祖先约在700万年前分道扬镳。有趣的是，这种帮助

---

1. 陆生植物的快速扩张可能吸收了过多的二氧化碳，导致了石炭纪的卡鲁冰期。
2. 经历了最开始的热浪后，新生代出现了可观的温度下降。我们认为南极在距今3 400万年前首次出现冰川，当它与南美大陆在约2 300万年前分离后，立刻变得寒冷无比，并在1 400万年前完全被冰覆盖。北极的结冰用时稍长一些，大约在320万年前完全冰冻。

了我们的祖先的适应并没有让他们变得更聪明。智力上的分化要更晚才出现。走向分化的原因是，我们的祖先可以用双足行走了。

　　这对他们来说有什么好处吗？好吧，就我们目前所知，在几百万年间都没什么特别。化石证据表明，他们在接下来400万年逐渐适应了直立行走，但也仅此而已。我们发现，地猿（*Ardipithecus*）在500万年前在森林地面上蹒跚而行，而南方古猿（*Australopithecus*）在大约100万年后在稀树草原上直立漫步。不过，他们并不是最聪明的物种，个体脑容量也就和他们的表亲黑猩猩差不多。

　　但很明显他们做了些正确的事情。因为我们发现，不到200万年以前人族动物（hominins），也可以说是"类人"，大量辐射，在非洲大陆上比邻而居。[1] 其中的主角是直立人（*Homo erectus*），他们的脑容量是黑猩猩的两倍，体型更大，牙齿更小。这个物种是第一个真正的狩猎者和采集者，也是第一批旅行者，他们当中的一部分离开了非洲，前往亚洲定居。"更小的牙齿"这个细节非常耐人寻味，因为这或许暗示了能量与复杂性的另一种联系。简而言之，有一些迹象表明直立人会烹饪。

　　虽然我们还没有找到他们会控制火的确凿证据，但是直立

1.　同一时期还有能人（*Homo habilis*）和匠人（*Homo ergaster*），以及罗百氏傍人（*Paranthropus robustus*）和鲍氏傍人（*Paranthropus boisei*）。

人具有较小的牙齿和消化道，睡在地上而不是树上，这些都是有趣的线索。毕竟烹饪过程可以打破食物中的长链碳分子，使其更易于咀嚼和消化，无须强大的肠道和牙齿。这也意味着你能通过肠道吸收更多能量。这些额外的能量可以令你的大脑更复杂，反过来又可以让你成为更好的猎手。这是一种良性循环。

关于烹饪还有另一件事情。这是一种集体活动，围坐在篝火旁可以使团体成员之间的关系更加紧密。我们会在下一章看到，不仅人类才有智力，所有社会化动物都具有智力。烹饪还能促进亲子关系。幼年黑猩猩一旦断奶后就得靠自己了，而烹饪是技术活，除非你真的很着急，否则不会让婴儿去做。因此，烹饪鼓励孩子对父母的依赖，赢得了一段童年时光，这正是发展想象力和创造力的时期。

贻贝，不止于食用 [1]

平心而论，目前关于直立人能够或不能做什么存在很大分歧，要找到在篝火旁高谈阔论的确凿证据还有很长的路要走。传统观点认为，他们在 200 万年的时间内变化不大，直到他们在 14 万年前灭绝的时候，一直在使用相同的基本石器。不过，

1.　标题原文 "Pulling Mussels from a Shell" 是英国摇滚乐队 Squeeze 在 1980 年发行的一首歌曲。歌曲描绘了在海边度假的英国工人阶级。——编者注

既然这是一本关于与外星人沟通的书，我不得不提到最近一个非常有争议的发现。

这是一个值得你搜索一番的发现。从科学的角度看，它是贻贝上的一道划痕，但可能用艺术的角度欣赏更为合理。这只贻贝来自 1891 年一位名为尤金·杜布瓦（Eugene Dubois）的荷兰外科医生在印度尼西亚爪哇岛发现的直立人化石宝库。最近，测年结果显示，贝壳距今有 50 万年。某种东西——或者说，是某个人——在贝壳上刻下了锯齿形的图案，当我们认真注视时，它很难不引发人类的共鸣。可以肯定地说，任何人在看到这些近 50 万年前由猿刻画的标记时，都会联想到它要么知道美为何物，要么是在一个混乱的世界中寻找秩序，或者，至少是因为无聊而找事情做。

我们再次在化石记录中找到类似的图案，是现代智人在赭石上刻画的。[1] 这些划痕被发现于南非开普南海岸的布隆伯斯洞穴（Blombos Cave），这里是目前发现早期人类人工制品最丰富的地区之一。这些 10 万年前的十字交叉图案，宣告了这些生物和我们一样，具有想象力、创造力和抽象思维。在这里出现了一些关键的东西。信息不再局限于 DNA 之中，而是被储存在了大脑网络中。这个网络，就是文化。

---

1. 我们还不能完全确定我们与直立人有怎样的关系，但其中一个被广泛认同的假说是，直立人在非洲的分支演化成了海德堡人（*Homo heidelbergensis*），随后又扩散至欧洲和亚洲，继续演化为尼安德特人（*Homo neanderthalensis*）。在非洲的海德堡人则演化为智人。

巡 游

大约 20 万年前，智人起源于非洲，随后迅速扩散，越过黎凡特（Levant）[1]，前往亚洲和欧洲。似乎是个孤独的飞跃，智人的脑容量与直立人相比增加了 1/3 以上，是黑猩猩的 3 倍以上。许多古人类学家相信，艺术也是语言的一种，若是如此，布隆伯斯洞穴的迹象表明，即使是这些最早的智人也会在行走时唱着"我不知道，但有人告诉我"[2]。

也可能他们只是在聊着天气。总之，他们在 4.5 万年前抵达欧洲，遇到了尼安德特人，这是一个已经在欧洲生活了 15 万年的人种。尼安德特人是一群有天赋的人，有着独特的工具制造技术和丧葬传统，正如前文中所提到的，尼安德特人的大脑比我们大，可以说也更能适应寒冷天气。而接下来，怎么看两者都没有太多合作，因为在 5 000 年内尼安德特人就灭绝了。不要再提什么人性没有黑暗面了。

大约同一时期，出现了我们常说的"大飞跃"（Great Leap Forward）：人类文化有了巨大变化。有证据表明，人类在这时候已经发展出了复杂的丧葬仪式，用动物毛皮制作衣服，使用陷阱捕猎。到距今 4 万年前时，欧洲和亚洲已经遍布人类的痕迹：各种岩画、珠宝、鱼钩和笛子。

---

1. 黎凡特是一个模糊的历史地理名称，广义上指东地中海地区。——编者注
2. 原文歌词"I don't know but I've been told"常用于行军调。——编者注

大约 1.15 万年前，在末次冰盛期结束时，农业的出现为不断壮大的村庄网络提供了可靠的能源供应。几千年后，大约在公元前 3600 年（距今 5 600 年前），苏美尔文明建立，这是世界上第一个文明。到公元前 3100 年，苏美尔语成为其第一种书面语言。这样，信息不仅可以存储在大脑或大脑网络中，还可以用书面形式存储。并且，发展浪潮依旧滚滚向前。今天，日益减少的化石燃料为全球 70 亿人口提供能量，全世界通过数字化网络连接起来，其中包含了人类迄今为止所积累的每一点信息。

生命不能承受之轻

所以，这就是为什么我们从来没有收到任何外星人的消息，对吧？整个人类演化过程都取决于一次关键事件，即真核细胞的诞生。没有真核细胞，即使 40 亿年后，地球仍然只是细菌和古菌的培养皿。我们之所以找不到外星人聊天，是因为，尽管单细胞生命常见，但复杂生命却很罕见，智慧生命就更少了。人类的智能是在一系列的巧合下产生的，可交流文明也并非是必然事件。

我们能在此时此刻活着，这个概率有多少？我们暂且假设一种生物在地球历史中演化的时长能反映它出现的概率。这有点像每分钟扔一次骰子，六分钟后，不出意外的话，你至少会扔出一个六。地球已经扔了40亿年骰子，假设突变率基本不变，我们就能估算不同阶段生命出现的概率。单细胞生命从第一次扔骰子开始就存在，所以它的概率是1。真核细胞在地球历史的中段出现，所以概率为1/2。至于我们人类，演化了20万年，所以概率是200 000/4 000 000 000，即1/20 000。

当然，这个计算用了太多假设，只是为了满足好奇心而已。最大的假设是，地球在某种程度上是所有适宜生命生存的行星的典型。要真正了解复杂生命出现的概率，我们需要大量宜居行星的详细数据，我们在近一二十年内还做不到。另一个假设是，只有具有我们自己特定基因组成的复杂生物——即用双足行走的人——才拥有发展技术和交流所需的那种智力。这听上去可不那么令人兴奋。这表示简单生命常有，而智慧生命罕有。曙光一次又一次地出现，但其他地方依旧一片漆黑。我们的项目似乎是竹篮打水一场空。

其实也不能完全这么说，因为正如我们在下一章看到的，人类并不像我们想象的那么独特。地球上还有其他智慧物种，而且还可以提出一个论点，就如陆生或飞行一样，智慧只是一种常见的适应性。我们即将看到，如果我们倒带并重新演化，我们很有可能会发现自己在人猿星球、海豚星球或乌鸦星球上。

不仅如此，我们过于关注地球的演化细节，使得我们忽略了更大的图景。没错，我们在这里是因为一系列生物学和气候上的侥幸。但同时，我们在这里也是因为我们有足够的时间进行演化。我们碰巧住在一颗稳定的行星上，这颗行星位于一个稳定的太阳系中，围绕着一颗安静而长寿的恒星运行。当我们在银河系中张望，希望看到有邻居向我们挥手时，我们假定在 130 亿年前银河系形成时，就有类似我们这样的太阳系和行星。但如果现实不是如此呢？如果地球生命和银河系其他任何地方的生命同时出现呢？我们会不会是刚刚觉醒的文明中的一员？要在演化当中更上一层楼，走向更加复杂的程度时，我们需要躲开一个大麻烦：伽马射线暴。

此处有龙 [1]

　　1963 年，在《禁止核试验条约》（Nuclear Test Ban Treaty）签署后，美国发射了船帆座卫星（Vela satellite），以监视苏联在核试验方面的举动。这些在高空飞行的卫星可检测核武器试验发出的可见光、无线电波、X 射线和伽马射线的独特脉冲。结果他们发现了一些别的东西：来自太阳系外的纯伽马射线爆发。

　　起初，大家认为这些爆发来自银河系内某处，但在 20 世

---

1. 标题原文 "Here be Dragons"，意为危险的或未经探索的地域。欧洲中世纪地图往往会在未知地域画上龙、海怪或其他神话中的生物，表示那里可能存在危险。——编者注

纪 90 年代中叶，科学家发现它们来自遥远的星系，其中许多星系几乎跨越了可观测宇宙的一半。在穿越了数十亿光年后，还能在我们的天空中显露光芒，这表示它们是非常剧烈的天文事件。一个冷酷的事实是，一次典型的伽马射线暴（GRB）包含的能量相当于太阳一生中辐射的总能量，而且这些能量被浓缩成一个仅持续数秒的脉冲。

我们还不确定是什么引发了这些终极炼狱般的事件。时长较短的爆发被认为是由双中子星碰撞引起的。时长更长且更强大的爆发被认为是由大质量恒星坍缩引起的，即极超新星爆发。不过有一件事情是肯定的，你不希望这样的事件发生在方圆 1 万光年内，否则你会被烤焦。若不幸遭此厄运，任何类地行星面向伽马射线暴的一面会被烤焦，背离面也会受到二次辐射的洗礼，臭氧层会被摧毁，剩余的生命会因遭受太阳紫外线辐射而毁灭。

如今我们有许多关于伽马射线暴的数据。2014 年，以色列耶路撒冷希伯来大学的茨维·皮兰（Tsvi Piran）和西班牙巴塞罗那大学的劳尔·希门尼斯（Raúl Jiménez）两位天文学家分析了相关数据以找出其中的风险。他们的发现读起来非常有趣。首先，他们计算出，在过去 46 亿年内，地球被伽马射线暴正面命中至少一次的概率有 90%，而在过去 5 亿年内，被击中的可能性是 50%。五次物种灭绝事件中，会不会其中一次就

是伽马射线暴所为？ [1]

　　真正值得我们静下心来思考的，是他们关于宇宙对于过去生命的宜居性的结论。首先，只有10%的星系不会产生过多伽马射线暴，这样才能支持生命存在。而即便如此，也要远离这些星系的核心，那些地方发生伽马射线暴的频率更高。地球距离银河系核心约有2.5万光年——你可能已经猜到，银河系就是那幸运的10%中的一员——现在看来真的是黄金地段。但最重要的是，他们的计算表明，在50亿年以前，宇宙中的任何地方，任何星系中的任何行星上都没有生命。

　　这是什么意思呢？问题的关键是：我们可以关注以地球为球心的两个假想球体。第一个球体半径为50亿光年，在这个半径内，我们可以期待找到单细胞生命。而在半径之外，宇宙是一片死寂，因为更古老的星系仍在经受伽马射线暴的轰击。第二个球体的半径为10亿光年。如果地球上的生命相当具有代表性——这是一个相当大的"如果"——那么在这个半径以内我们可以期望找到技术先进的社会。毕竟，人类花了40亿年才发展出无线电技术，如果这反映出某种平均水平，这就表示最古老的可交流文明社会最多比我们领先10亿年。

　　最后，有一个问题。如果地球并不是典型的行星，我们是以极快的速度发展起来的技术社会，这意味着什么？如果说，

1.　最有可能的是奥陶纪-志留纪灭绝事件，因为当时似乎没有令人信服的气候事件或陨石撞击事件。

无线电技术需要平均 60 亿年才能发明出来，而不是我们经历的 40 亿年呢？这样的话，对于费米悖论，我们就有了一个令人不寒而栗的答案：我们是孤独的。那如果说，平均 50 亿年才能演化出可交流社会呢？这样的话一切还皆有可能。也许星系并非死寂，只是尚未苏醒。而现在正是它即将醒来之时。

第七章
外星人

本章中，作者变出了真正的外星人，并意识到生命有两个主人。一个是意识，希望宇宙永远存在；另一个则是宇宙本身，试图突然终结。不用说都知道哪个更胜一筹。

起初，他觉得这一定是某种骗局。作为大英博物馆自然史与现代珍奇部的助理管理员，乔治·肖（George Shaw）经常会遇到各种生物学上的怪异现象，但结果往往令人失望，这些所谓的奇异生物到最后大多被证明是伪造的。这一次的捐赠者是新成立的新南威尔士殖民地总督——约翰·亨特（John Hunter）船长，他带来了一张毛皮。同时随毛皮而来的，是他画的一张素描，试图展示这只动物活着时的状态。有没有可能素描也是伪造的呢？就算按照澳大利亚的标准，眼前的生物也过于诡异了。

该从哪儿开始呢？这生物的尾巴跟河狸一样，呈扁平状。身体比较像水獭或鼹鼠。或者，仔细想想，像海豹。是的，手上的皮毛和海豹皮看上去没什么两样。和海豹一样，它的四肢都长着蹼足。然而，不论他怎么寻找，他都没有在这个生物的腹部找到类似乳头的东西。瑞典动物学家卡尔·林奈（Carl Linnaeus）在其权威著作《自然系统》（*Systema Naturae*）中指出，哺乳类动物是"通过乳头运送乳汁喂养后代的动物"。然而如果该生物不是哺乳动物，它会是什么？有没有可能属于两栖类（*Amphibia*）？许多两栖动物"能够同时在陆地和水中生存"。可是从来没有听说过两栖动物有皮毛啊？

　　然后，这个生物的每个后脚踝上都有一个明显的尖刺，就像在乡村集市上看到的斗鸡冠军一样。这个生物还有不少鸟类特征，这是其中最平常的一个了。

　　坦白地说，它长了一个鸭子的头，或者说至少有鸭子的下颌骨；它的小眼睛无疑很像鱼的眼睛，而且小到需要拨开毛皮才能发现。乔治·肖对当时伦敦社会上那些所谓的"美人鱼"很熟悉，那都是骗子们把猴子的躯干和鱼尾嫁接起来的诡异冒牌货。如此看来，莫非这是某些来自东方的江湖骗子把鸭子的喙缝到了鼹鼠或水獭的身体上了？

　　他仔细检查了喙的底部，那里周围环绕着一片圆形皮瓣，看着像是皮革表面。那下面会不会隐藏了一些秘密缝合的痕迹呢？经过一番寻找，他没找到一点穿针引线的痕迹。一头雾水的他又拿来一个浅盘，把整块毛皮浸入水中，这样只要是胶水粘过的地方，一定会露出马脚。然而毛皮依旧完好如初。他开始明白这一切都真实得可怕。接下来，他不得不对这个怪物的种属进行分类命名。问题是他眼前的究竟是什么？鸟、哺乳动物、鱼，抑或是爬行动物？

荒野之行 [1]

如果银河系中有可与之交流的生命，它们会是什么样子的？似乎会有无限种可能性。光是地球上的生命就多种多样，让人眼花缭乱。我们发现生命无处不在，既有微生物又有多细胞生物，它们摄入各种各样的食物，外观形态五花八门。显然，无论大家对细胞生物学、遗传学、古气候学和澳大利亚东部河流的生态学有多少了解，还是没人能够从基本原理出发，预测鸭嘴兽的存在吧？如果我们连自己星球上的生命都猜测不到，我们还能希望推断出关于外星人的什么呢？

不过，情况并没有你想的那么绝望。我们将会看到，我们可以从已知生命获取大量信息，从而对类地行星上的未知生命做出合理推测。诸如鸭嘴兽这类谜题已经被揭开了神秘面纱，这类经验在我们寻找外星人时非常有指导意义。我们不仅会在各种奇异的地点遇到各种奇异、精致的外星生命，而且我们的地球也并非唯一含水的岩质行星。

---

1. 标题原文"A Walk on the Wild Side"取自美国歌手卢·里德（Lou Reed）1972 年的同名歌曲和美国作家纳尔逊·艾格林（Nelson Algren）1956 年的同名小说。——编者注

注视睡莲池 [1]

众所周知，开普勒空间望远镜告诉我们，大约有 1/5 的类太阳恒星的宜居带内有一个地球大小的行星。也就是说，当距离适当时，行星表面是可以拥有液态水的。平均而言，这类行星与我们的距离最近只有 12 光年。[2] 根据爱因斯坦的说法，这意味着即便我们明天就发现一颗，紧接着在后天发明光速空间旅行技术，到达那里也要超过 10 年的时间。如果我们没能发明出高速旅行技术，按照如今的技术水平，则要花费上万年。

我对此倾向持乐观态度。本着对人类粗略的了解，我忍不住去想，一旦我们发现了最近的伊甸园，我们就会想尽快到达那里。需求是发明之母。[3] 不过即便我们获得了一种能以 10%光速行驶的飞船技术，在一个类地行星上呼吸空气的冒险也得是好几代人之后的事了。

而在此期间我们要做些什么呢？我们是否能在地球生命中搜集到什么有关地外生命的参考线索呢？令人高兴的是，当然可以。

地球上所有的生命可能源自一个共同的祖先，但这些生命

---

1. 美籍日裔物理学家加来道雄童年时曾在睡莲池边遐想，想象池中的鲤鱼如何看待世界。——编者注
2. 一个吸引人的消息是，有证据表明，距离太阳第 35 近的天仓五的宜居带内可能有一颗类地行星。天仓五和太阳一样是一颗黄矮星，而且恰好距离我们 12 光年。
3. 到那时全球变暖估计就是发明之父了，不过这不是本书的主题。

又常常生活在平行世界中。在某些情况下，这些世界已独立演
化了数千万年，并带来了惊人后果。简而言之，这是最接近于
我们至少要历经三代人才能踏上类地行星的事。我说的是这个
地球上一些最伟大的奇观：岛屿。

大陆漂移

我们在第六章讨论过，大约在 2.5 亿年前，二叠纪大灭绝
时，当时所有大陆都连在一起形成一块超级大陆，称为泛大
陆。由于它巨大的面积和当时失控的温室效应，它的中央区域
变成了布满沙丘的沙漠地带。如今我们还能看到那时遗留下来
的巨大的砂岩沉积物。实际上，我所在的英国柴郡就有一个砂
岩山脊，是二叠纪遗迹。[1]

二叠纪标志着古生代结束，那时植物和动物开始统治陆
地。中生代紧随其后，泛大陆开始解体。到侏罗纪开始时，
泛大陆一分为二，出现了第一个大裂谷：北部是劳亚古陆
（Laurasia），由北美洲、格陵兰岛和欧亚大陆组成；南部是冈
瓦纳古陆（Gondwana），包括南美洲、非洲、南极洲、印度和
澳大利亚。[2]

---

1. 详见我在 207 和 208 页的简明地质时期指南。
2. 名字的含义是"冈德族的土地"，冈德族是一个印度少数民族。冈瓦纳
曾名"Gondwanaland"，意为"冈德族土地的大陆"。

大约 1.4 亿年前，在白垩纪早期，冈瓦纳古陆开始解体，这片南方大陆一块块分裂，朝着北方的劳亚古陆靠拢。非洲大陆成为第一个离开冈瓦纳古陆的大陆，它与南美洲分离，所以南美洲东侧海岸线与非洲西侧海岸线高度吻合。印度紧随其后，奔向亚洲，这时非洲则向北朝欧洲移动。在大约 8 000 万年前的白垩纪中期，新西兰开始分离，而马达加斯加与还在向亚洲靠近的印度分道扬镳。

澳大利亚和南美洲是最后分离的。它们一直和南极洲相连，直到进入我们现在的新生代。澳大利亚在距今约 4 500 万年前首先分离，当时为古近纪。南美洲在距今 2 300 万年前才与南极洲分离，此时为新近纪早期，德雷克海峡出现，南极洲的森林被终年的白雪取代。

在接下来的 2 000 万年，南美洲一路向北漂移。最后，在我们现在的第四纪的初期，火山岩上涌，形成了巴拿马地峡（Isthmus of Panama）。从此，南美洲与北美洲连为一体。最终，全球版图成了如今的模样，北极地区开始出现永久冰盖。从侏罗纪、白垩纪延续到古近纪的热带温室，到新近纪和第四纪时已经完全转变为冰室。[1]

---

1. 既然我们在讨论这个问题，那就快速复习一下最近的地质年代。恐龙在中生代晚期因小行星撞击被从地球上抹去之后，新生代开始，跨度为 6 600 万年。新生代可进一步分为古近纪（Paleogene Period）、新近纪（Neogene Period）和第四纪（Quaternary Period）。古近纪是温室气候，新近纪与第四纪气候逐渐变冷。古近纪进一步分为古新世（Paleocene Epoch）、始新世（Eocene Epoch）和渐新世（Oligocene Epoch），新近纪分为中（转下页）

这一切意味着，从白垩纪早期开始，冈瓦纳古陆上的生命就被放逐到一系列相互隔绝的岛屿和大陆上，每个岛屿和大陆都像是一个小小的地球。令人着迷的是，这些相互隔绝的世界描绘出了相当不同的演化图景。在北美洲，胎盘哺乳动物站在了食物链顶端，有袋类哺乳动物被迫走向灭绝；而南美洲则相反，在那里有袋类哺乳动物占据了统治地位。胎盘哺乳动物在澳大利亚式微，有袋类哺乳动物则大获全胜；而新西兰没有任何哺乳动物幸存。[1]

如果走路像鸭子……也不代表就是鸭子 [2]

马达加斯加就是一个很好的例子。马达加斯加岛位于非洲东部的印度洋上，这里可谓是哺乳动物的天堂，但在这块陆地刚刚脱离印度时，情况并非如此。那时岛上既没有猴子或猿这类灵长目动物，也没有猫狗等肉食动物。如今，岛上所拥有的

（接上页）新世（Miocene Epoch）和上新世（Pliocene Epoch）。至于第四纪，可以进一步分为更新世（Pleistocene Epoch）和全新世（Holocene Epoch）。大致来看，灵长目于古近纪初期出现，人族则出现于上新世末期。解剖学意义上的现代人于更新世出现，人类文明的出现则要到全新世。

1. 新西兰最后一种已知陆地哺乳动物在约 1 600 万年前中新世时期灭绝。有趣的是，好几种蝙蝠在新西兰重新崛起，填补了地生鼩鼱消失后留下的空缺。

2. 标题原文借用了鸭子测试（Duck Test）——如果它看起来像鸭子、游泳像鸭子、叫声像鸭子，那么它可能就是只鸭子。这原本是一种归纳推理。——编者注

哺乳动物物种——现在就很多了——都是从非洲和印度迁徙（或游泳，或漂流，或飞行）而来的生物的后代。[1]

在大约 6 000 万年前某个时候，一个狐猴家族从东非来到岛上。这当然不是因为它们定下了旅行计划，我们认为比较合理的猜想是，它们在一次飓风中紧紧抱住了一棵树，然后被冲到了海里，来到了马达加斯加岛。约 3 000 万年前，一群马岛猬（tenrec）——一种类似鼩鼱的小型哺乳动物——也随之而来。其他动物在 2 000 万年前左右陆续漂流到岸，包括啮齿动物和食肉动物，后者是食肉哺乳动物的祖先，外形像獴。

这是大部分人都熟悉的狐猴。今天的马达加斯加岛是近百种不同物种的家园。它们都是最早随洋流穿越湍急的莫桑比克海峡的早期灵长目动物的后代。狐猴的非凡之处在于它不仅仅是票房神药，关于这一点看看电影《马达加斯加》（Madagascar）的表现就知道了；它还反映了最早登岛的灵长目动物的模样。当你注视着一只狐猴的眼睛时，你可以想象你就是在盯着一只生活在古新世热带雨林中的长得像鼩鼱一样的我们的祖先。

虽说狐猴占尽了风头，但就我们的故事而言，食肉动物才是真正的焦点。在网络上搜索一下马岛长尾狸猫（fossa），网

---

1. 和新西兰一样，马达加斯加的化石记录显示这里一度是哺乳动物的天堂，不过它们后来都灭绝了。2014 年发现的 6 600 万年前的 *Vintana sertichi* 化石就是一个例子，这是一种外观奇特的生物，与现在的土拨鼠相仿。

页会显示出一种形似美洲狮（cougar）的动物。因为长得像美洲狮，很多19世纪的分类学家将其归入了猫科。马岛长尾狸猫的头、身体和尾巴都像猫，并且，和猫一样，它善于爬树，爪子也能半伸缩。但有趣的是，马岛长尾狸猫不是猫。DNA研究表明，它是2 000万年前中新世时被冲到岛上的非洲食肉动物的直系后代。

现在来思考一个问题。马达加斯加从来都没有丛林猫，但马岛长尾狸猫长得就像一只猫。我们没办法准确得知这种情况为什么会出现，不过专业人士指出，这种现象叫作趋同进化，马岛长尾狸猫就是一个典型的例子。相同的生存方式——在热带丛林中捕捉小型哺乳动物——造就了两种动物相似的外观，即便两者仅仅是远亲关系。

马达加斯加是众多物种的家园，马岛长尾狸猫只是其中一例。其中，我最喜欢的动物之一是马岛猬，虽然它和刺猬仅仅是远亲，但一些品种都已演化得和刺猬极为相似。趋同的情况不只局限于马达加斯加，澳大利亚、新西兰以及南美洲都有大量类似这种完全不相关的两种生物最后却看起来非常相似的案例。

例如，我们在北美洲发现胎盘类的鼯鼠和鼹鼠，在澳大利亚发现了有袋类鼯鼠和鼹鼠。尽管它们最后的共同祖先很可能在白垩纪的丛林中已竭尽全力，以避免被恐龙踩在脚下。更新世冰期活跃在北美洲的胎盘类剑齿虎和更早时候活跃在南美洲的有袋类剑齿虎仿佛是两个分身。[1]在我看来，更引人注目的是，澳洲魔蜥（*Moloch horridus*）和美洲沙漠角蜥（*Phrynosoma platyrhinos*）有极为相似的外观。这两种动物都生活在沙漠中，以蚂蚁为食，它们的皮肤上都具有斑点纹理，并且有用于自我保护的夸张的尖刺。然而，它们完全没有关系，可以被认为是两种蜥蜴。

这类动物整体趋同的现象是引人注目的，而这仅仅是故事的一部分。更常见的是部分趋同现象，表现为身体结构不同的生物有着相似的身体部位或者相似的行为。例如，飞行的能力至少经过了四次演化：昆虫、翼龙、鸟和蝙蝠；同时，我们已经知道，脊椎动物和章鱼如照相机般的眼睛都是独立演化的。通常是为了应对寒冷的气候，蜥蜴和蛇的生育方式已经演化了上百次。此外，我们曾经认为有亲缘关系的大量动物——例如，不会飞的鸟类——其实关系甚远。

鸭嘴兽大屠杀

正是部分趋同现象让欧洲的鸭嘴兽研究者十分困惑。继

---

1. 胎盘类剑齿虎的一个经典例子是致命剑齿虎（*Smilodon fatalis*），最早于160万年前的更新世在北美洲出现。它和真猛犸象以及恐狼都属于一个叫作更新世巨型动物群（Pleistocene megafauna）的大型哺乳动物精英种群。有袋类剑齿虎指的是更古老的袋剑虎（*Thylacosmilus atrox*），最早于1 100万年前的晚中新世在南美洲出现。

1799 年肖的检查之后，1802 年，外科医生兼解剖学家埃弗拉德·霍姆爵士（Sir Everard Home）报告称，鸭嘴兽有一个泄殖腔，即消化道、生殖系统和泌尿系统都要经过这个开口，这使如何归类鸭嘴兽（*Ornithorhynchus anatinus*）[1] 变得更加困难。这样看来，鸭嘴兽似乎可归为两栖类、爬行类或鸟类。霍姆甚至推测鸭嘴兽会产卵。此时，法国解剖学家艾蒂安·若弗鲁瓦·圣伊莱尔（Etienne Geoffroy Saint-Hilaire）进行了深入研究，他声称鸭嘴兽和同样生活在澳大利亚的针鼹（echidna，亦作 spiny anteater）代表了脊椎动物的一种全新分类，他将这个类别命名为单孔目动物（monotremes），拉丁语含义为"单独的开口"。

不过，他的博物学家同行们不以为意，他们都在参与鸭嘴兽是哺乳动物还是爬行动物的论战。1823 年，德国解剖学家约翰·弗里德里希·梅克尔（Johann Friedrich Meckel）发现，鸭嘴兽长有毒刺，这让鸭嘴兽更像是爬行动物，因为蛇和蜥蜴等爬行动物都有毒液。然而，三年后梅克尔又发表了一篇论文，证明鸭嘴兽肯定拥有乳腺，这又将鸭嘴兽有力地推向了哺乳动物一边。现在，整个鸭嘴兽大辩论取决于一个关键问题：

---

1. 肖将其命名为"*Platypus anatinus*"，其中"*Platypus*"表示"平足"，"*anatinus*"的意思是"类似鸭"。可惜的是，*Platypus* 这个名字已经被一种蛀木甲虫抢占了。同时，德国博物学家约翰·弗里德里希·布卢门巴赫（Johann Friedrich Blumenbach）将鸭嘴兽命名为 *Ornithorhynchus paradoxus*（鸟吻，矛盾）。权衡之下鸭嘴兽的学名就是 *Ornithorhynchus anatinus*。

它产卵吗？

澳大利亚的土著居民坚定地表示鸭嘴兽会产卵，不过哺乳动物只是胎生的观点根深蒂固，所以一开始很少有学者把土著居民的说法当真。即便是到了 1884 年，《悉尼先驱晨报》（*Sydney Morning Herald*）还发表文章称，任何肯定证据都必须"由全世界相信的科学家进行研究与发表，那么整个科学界都会被说服并相信他们没有看到的东西"。

同年，一位名为威廉·海·考德威尔（William Hay Caldwell）的初出茅庐的苏格兰动物学家，决定把他全部的学术经费都用于前往澳大利亚，一劳永逸地解决这个问题。自 1834 年起，澳大利亚博物学家乔治·本内特（George Bennett），同时也是新南威尔士州悉尼的澳大利亚博物馆馆长，就实施了一项破坏生态的射杀并解剖鸭嘴兽计划，而令人讨厌的是，考德威尔也继承了这种杀兽取卵的做法。

1884 年澳大利亚的冬天，他在当地土著人的协助下在昆士兰北部的伯内特河（Burnett River）河岸搭建了营地，开始屠杀他能找到的所有鸭嘴兽。他在三个月内杀死了超过 70 只鸭嘴兽。然后，8 月 24 日，他射杀了一只刚刚产卵的雌性鸭嘴兽并在它的子宫中又发现了一枚卵。他那封得意扬扬的电报，"单孔目卵生动物，不全裂卵"（monotremes oviparous, ovum meroblastic）可以看作是"鸭嘴兽是否产卵"这个问题的最终答案。这表明，鸭嘴兽不仅能产卵，而且它的卵与爬行动物的卵是同一类型。鸭嘴兽的归属愈发扑朔迷离。

哺乳动物演化史

在我看来，如果研究已隔绝上千万年的岛屿和大陆是仅次于寻找类地行星的事，那么发现鸭嘴兽就不亚于找到了外星人。并且，在 2008 年鸭嘴兽基因组计划完成后，我们对这种非凡的生物如何融入演化史有了更清晰的认识。

我想，你已经猜到了部分答案。鸭嘴兽是除胎盘动物和有袋动物以外的第三类哺乳动物的后代，即单孔目动物的后代。单孔目动物的化石记录是不完整的，但它表明在三叠纪晚期或侏罗纪早期出现了辐射，最终在除澳大利亚之外的世界其他地方灭绝了。

我们通过 DNA 研究得知，单孔目动物、有袋动物和胎盘动物的最后的共同祖先可能生活于三叠纪时期，它是一种毛茸茸的动物，尽管是卵生的，但又通过哺乳养育后代。在上亿年的演化过程中，鸭嘴兽一直是卵生的方式，而哺乳动物其余两大分支 —— 有袋动物和胎盘动物 —— 则演化出了胎生。[1]

关于卵的故事到此为止。那么鸭嘴兽其他令人印象深刻的

---

1. 我们过去常认为，单孔目动物比有袋动物与胎盘动物更加"原始"，但事实并非如此。单孔目动物也像有袋动物一样经历了多次演化；它们之所以会继续产卵，是因为这在澳大利亚很管用。

特征又是怎么一回事呢？例如，毒刺和鸭嘴。这些正是趋同进化的例子。鸭嘴兽的毒液和爬行动物的毒液极为相似，但实际上两者是独立演化的。鸭嘴兽的鸭嘴则是更大的惊喜。人人都知道，为了在夜间闭着耳朵、眼睛和鼻子也能在浑浊的河床中捕捉昆虫幼虫——其量相当于自身体重的一半——鸭嘴兽不得不发展出特别的狩猎技巧。后来我们发现，这种特别的狩猎技巧其实是一种电感受（electroreception）能力。

电感受能力在鱼类当中司空见惯，但还没听过有哪种哺乳动物拥有这样的技能。我们发现，鸭嘴兽如鸭子般的喙非同寻常，其实是一个巨大的接收器。当鸭嘴兽在水中畅游时，它会左右摇头，以探测猎物发出的微弱电场。也就是说，虽然鱼和鸭嘴兽的共同祖先要追溯到泥盆纪，但它们都能感知电场。尽管两个物种演化的路径截然不同，但共同的选择压力——都要在浑水中生存——让它们殊途同归。

那这一切对我们寻找外星人有何启示呢？首先，这表示如果仅仅因为一颗行星与地球类似，它在 40 亿年的时间里也并不一定能演化出哪怕和人类有一点相似的物种。毕竟，胎盘哺乳动物在新西兰和澳大利亚甚至都没能活下来，就更别说属于胎盘哺乳动物的我们灵长目动物了。[1] 即便是灵长目动物成功地演化为能在地上直立行走的猿，也不能保证它们的处境会更

---

1. 系统发生学描绘的图景显示，胎盘动物首先出现在非洲，随后扩散至亚洲、北美洲，最后——当巴拿马地峡出现后——来到南美洲。

好。例如，狐猴在马达加斯加曾趋同进化出多种"猿"，但最后都灭绝了。[1]

但另一方面，趋同现象暗示，该来的还是会来。岛屿和偏僻的大陆向我们展示了基于环境的适应性不断地出现。涉及与地球相似的行星上的生命时，我们可以期待找到相同的音符，但不必以相同的顺序出现。在银河系中的类地行星上，像翅膀、眼睛以及牙齿都将会是生物常见的特征，尽管拥有这些特征的生物看上去可能会很陌生，一如19世纪的博物学家看鸭嘴兽的感觉。毕竟，这就是自然选择的威力，演化的道路总是曲折的。重要的是，如果我们想找到可交流外星人，我们需要找到智慧这种很有价值的东西，而智慧恰恰是一种趋同性状。

披着羽毛的猿

"我一直梦想自己能飞，"尼基·克莱顿（Nicky Clayton）一边说着，一边在剑桥的一条小路上驾驶着她的奥迪TT，打着方向盘又避开一个市政路障，"这就是我喜欢跳舞的原因。"我热情地点了点头。这就解释了为什么我那在后备厢翻滚的背

---

1. 狐猴亚化石的多样性令人震惊，包括如巨狐猴（*Megaladapis*）这样的大型类猿狐猴，形态大小像红毛猩猩般的狐猴，以及像巨大的地面大猩猩体型的种类。它们还不约而同地演化出了"树懒般"的特征，如古大狐猴（*Archaeoindris*）等，有一系列广泛的类似树懒的狐猴以及大型指猴的亚化石。

包旁边，有整个衣柜那么多的雷丝衣服和一堆恨天高。不一会儿，我们就在前往她在剑桥郊区马丁利（Madingley）的实验室的路上了，我想知道车的前部是否能达到空气动力学的上升条件，好让她梦想成真。

我们到达的建筑有着本地网球俱乐部的低调宁静，这是一栋被草坪和围栏包围的楼阁式木屋，不过这里没有拉绒棉和羊肠线的撞击声，空气中传来鸟鸣。这是因为，尽管克莱顿在晚上是一位舞者，但在白天她是剑桥大学心理学系比较认知领域的教授。她因研究一类过去被忽视的物种——鸦的智力而声名鹊起。[1]

克莱顿和她的合作者们——她的丈夫内森·埃默里（Nathan Emery）也是其中一员——通过一系列巧妙的实验证明，在智力层面，鸦的大脑不同于一般的鸟类大脑，而是和猿有着大量的相似之处。例如，鸦是觅食者，喜欢藏食物。在一项著名的实验中，克莱顿和她的团队设计了一种"鸦旅馆"，西丛鸦会在两间卧室中的一间住上一晚。其中一间卧室在第二天早上有早餐供应，而另外一间就没有那么好的运气了。在两间卧室轮流住六晚之后，西丛鸦会意外地在晚上得到坚果。于

---

1. 我知道你在想什么：乌鸦不可能那么聪明，因为它们的大脑很小。然而大小不是最重要的，重要的是大脑和体重的比例。乌鸦的大脑可能只有核桃大小，但它的身体很轻，这使得它的脑化指数（encephalisation quotient，EQ）和猿相当。实际上，鸦科中的西丛鸦尤其聪明，其脑化指数相当于早期人类，如南方古猿。

是，就像你我可能会做的一样，西丛鸦把食物藏在没有早餐提供的房间以备不时之需。

实验结果相当有意思，因为在以猿为实验对象进行的类似实验中也得到了反映。例如，在一项测试中，我们向黑猩猩和红毛猩猩展示了如何用塑料软管吸取容器中的果汁。稍后，在两个相互独立的房间里，让它们分别在四种物体中选取一样，其中一种物体就是软管。它们知道接下来可能会碰到某种容器，所以都选择了软管，真可谓是精明之举。也就是说，猿和鸦并不仅仅是活在当下，它们能想象自己的未来并为之谋划。

不仅如此，尼基的团队还证明，鸦能够设计工具，同时还具有推理、解决问题、共情甚至故意欺骗对方的能力。其他的实验者已经证明猿也具备上述能力。不过在我看来，鸦制造工具的能力要更胜一筹。但鸦和猿有着截然不同的大脑，因为两者的最后一个共同祖先要追溯到 3 亿年前活跃在石炭纪森林中的一种羊膜动物[1]。

为什么鸦和猿都演化出了相当水平的智力呢？克莱顿给出了一些有趣的解读。第一，这两种动物都是高度社会化的物种，正如我们所知，要想在社会中出人头地，就需要有玩弄权术的能力。这需要脑力支持，也许群体生活是驱使动物更有智

---

1. 这些生物可以在陆地上产出带硬壳的卵。羊膜动物随后分化为合弓类（synapsids）和蜥形类（sauropsids）。合弓类最后演化为哺乳动物，蜥形类则成为爬行动物以及鸟类。

慧的动力之一。第二，猿和鸦都是觅食者，都以难以识别、难以获得，并且分布广泛的季节性食物为生。在这种情况下，就不是简单的早起的鸟儿有虫吃了，还需要有将石头扔进水壶的天赋才行。[1]

第三——在我看来也是最重要的一点——黑猩猩和鸦都是在距今 1 000 万到 500 万年前这段时间内首次出现的，其间气候快速变化，地球正向当前的冰期迈进。有趣的是，这也是我们人亚族与黑猩猩属（含有黑猩猩和倭黑猩猩两个种）的共同祖先分道扬镳之时。运用你的聪明才智寻找食物和住所是适应气候变化的一种方式。克莱顿所说的由猿、鸦、鹦鹉、海豚和大象组成的"高智商俱乐部"的出现会是难以捉摸的气候造成的吗？

对那些寻找并尝试与外星人联系的人来说，这一切有着深远的意义。正如我们预计类地行星上的生物具有如飞行、咬，以及通过它们的母恒星发出的光线去看的能力，我们也应该大胆预测这些生物很聪明。尽管我们不愿相信，但智力并非人类独有的性状，鸦、海豚、大象也有智力。还有其他陆生物种

---

1. 听起来这像是我在《伊索寓言》（*Aesop's Fables*）里摘抄了一段，不过奥克兰大学的萨拉·杰尔伯特（Sarah Jelbert）的确做过这个实验。实际上，如果你在《新科学家》（*New Scientist*）的 YouTube 频道中搜索"crow and pitcher"，你就能看到实验。

等着我们去调查,这里面一定还有更多。[1] 代表智力的基本元素——诸如推理能力、解决问题的能力、想象力、记忆力,以及时间统觉(mental time travel)——一次又一次地出现。

世界大战 [2]

所以对于"外星人究竟是什么样?"这个问题,我们现在有了一半答案。首先,它会有一个复杂的大脑。至于说这个大脑是像鸟类、哺乳动物和海豚那样的中心式结构,还是像章鱼那样的分布式结构,我们还说不准。它会具有敏锐的感觉能力,如对光、声、热、化学以及电场有感应。它很可能是一种杂食性生物,擅长操控物体,也善于社交。它生命中的大部分时间,会用在向社会、父母和同伴学习上。而且它极有可能会在不断变化的环境中持续演化,利用自己的智力在生存的游戏中维持优势。

至于它有没有六条腿、毛皮、羽毛或是两英寸厚的黏液层,一切皆有可能。当然,如果它类似于我们地球上某一个物种——例如脊椎动物或无脊椎动物——那可就太幸运了。地

---

1. 先说一些,排序不分先后:章鱼、狗、猫、老鼠、鲸、鹦鹉和猪。章鱼解决问题和使用工具的能力非常值得注意,因为它在演化中远离了例子中的其他动物。
2. 标题原文 "War of the Worlds",是 H. G. 威尔斯 1898 年发表的科幻小说,讲火星人与地球人的冲突。——编者注

球上物种的分化顺序并没有什么特别，如果重新演化一遍，第一只两栖动物可能是由辐鳍鱼（ray-finned fish）而不是肉鳍鱼（lobe-finned fish）演化而来，而我们每只手可能有六根手指，而不是五根。

当然，如果真的要重新演化一次，我们可能甚至走不到总鳍鱼那样的程度。我们在演化成复杂生命的道路上需要越过好几道坎，其中难度最大的是真核细胞以及为其供能的线粒体的出现。另一个则是产氧光合作用。通过光合作用，叶绿素利用光能转移水分子中的电子，并将其塞入二氧化碳来制造糖。以上两者只要失败其一，你就只能得到满满一海洋细菌，这基本就是生命在地球上出现的最初 20 亿年的状态。

正如我们将看到的那样，对于真核细胞为什么会有趋同特征，以及我们如何在普通的光合作用的帮助下侥幸成功，而不是通过增强产氧的光合作用，都有合理的论据，但不管你再怎么折腾，20 世纪 60 年代《星际迷航》（*Star Trek*）中那种降落在一个春暖花开的伊甸园里，遇见性感的金发女郎和几乎没有体毛的男性的场景，还是显得有些异想天开。虽然我们说外星人要符合以上所述的大脑大小、灵活的手以及能互相交流等条件，但电话另一头的外星智慧生命可能更像一只螃蟹、蜘蛛或章鱼，更有可能的是，它和以上所有生物都不像，只是在这里有个吸盘，在那里有只眼睛。

当然，外星人如果想和我们交流，光有智慧还不够。人类是聪明的，但其实也没那么聪明。真正让我们与众不同的是文明，而使文明得以出现的发明是农业。当我们进入了全新世，冰雪开始消退时，所有人都拿起了锄头。或者，更准确地说，他们拿起了缰绳，随后是锄头。而农业，似乎也是高度趋同的。在全新世稳定的气候下，在约 1.15 万年前，世界各地陆续出现了农业踪迹，如东南亚、黎凡特、新月沃地、南美以及欧洲。哦对了，还有约 5 500 万年前在亚马孙雨林出现的切叶蚁（attine ant）。

外星蚂蚁入侵

当然，它们并不种植稻米和黑麦。切叶蚁的首选作物是真菌。切叶蚁是一个特别复杂先进的群体，一个群落成员总数超过 500 万，而且个体有明确的分工。它们的巢穴位于地下且规模巨大。2012 年，研究人员在巴西发现了一个蚁巢，其截面面积达 50 平方米，深达 8 米。蚁巢内有大型地下室，通过隧道网络连通，隧道还兼具通风功能。在巨大的地下室中，切叶蚁用叶子覆盖并培养真菌，而蚂蚁和它们的幼虫则消化被真菌分解的叶片中的纤维素。随着真菌不断生长，蚂蚁会对其修剪、施肥，甚至在真菌受到其他寄生真菌感染时，对其进行抗生素治疗。

我敢肯定，事到如今你脑海中出现的是：没有什么是人类独有的。有很多其他生物可以直立行走、生育后代，或者以农业为生。当然，蚂蚁在认知方面的能力不够出色，所以它们没办法计划一场飞掠木卫二的探测任务，至少地球上的蚂蚁不能。一方面，这有些令人失望，我们人类喜欢感受自己的重要性，当发现亚马孙密林中的一种六足生物在我们之前就掌握了抗生素，我们还是略感不安；但另一方面，这让我们对在银河系中找到另一个可交流的生命又增添了不少信心。

所有重要的东西，例如智力、语言、使用工具的能力、农业以及文明都是趋同的，它曾在无数其他物种中演化过。但没有谁料到，人类是第一位集大成者，恰好现实中就是如此。诚然，演化并不会考虑我们，当第一个古菌离开海底热液喷口时，它没有想着有朝一日拿着一本 *Time Out* 杂志在伦敦苏豪区（Soho）闲逛。[1] 不过在过去 40 亿年中，自然选择一步步造就了越来越复杂的生物，一个物种的出现只是时间早晚的问题。[2]

---

1. 也可能是《侦探》（*Private Eye*），而不是 *Time Out*。
2. 显然这并不是在说地球上的每个物种都会越来越复杂。地球上绝大部分生命仍然是如古菌或细菌的单细胞生物。生物可以越来越复杂，也可以越来越简单，甚至可以原地踏步。许多穴居物种，如夏威夷考爱岛的洞穴狼蛛就没有眼睛，而腔棘鱼（*coelacanth*）和 4 亿年前相比没有什么两样。长期来看，是物种的平均复杂度在上升，这也是为什么我们在找到一个脑与身体质量的比例比宽吻海豚还大的鱼龙化石，或是一个具有电梯和指定停车位的切叶蚁农场时会感到惊讶。

信息高速公路

我们是幸运的，这一点具体体现在我们掌握了在我们身体之外保存信息的方式。正如前文所述，我们认为，第一个语音文字系统大约在公元前3100年出现于美索不达米亚的苏美尔。正如克劳德·香农所言，这标志着一个深刻的变化。在文字出现之前，DNA是大自然制作"硬拷贝"的唯一方式；此后，任何人想记录下来的任何东西，都可以代代相传。

书写技术从美索不达米亚迅速向西传播到古埃及，随后在腓尼基人的帮助下传播到地中海地区。古希腊人采用了腓尼基字母，后来又传给罗马人。我们无从得知穴居人中是否有像苏格拉底一样的智者，但感谢文字，即使是2 400年后，我们也能直接了解苏格拉底的每一个想法。

不要忘记，信息是有形的。当苏美尔人还只能在湿黏土上刻下标记时，埃及人有了更方便的东西 —— 纸莎草纸 —— 他们用它制作出了第一本书，并最终在约公元前300年在亚历山大建立了第一座图书馆。书写不仅意味着信息得以保存，还表示信息也能被复制了。据报道，当年船只在亚历山大港抛锚后，船上所有文字作品都会被图书馆征用并谨慎地复制。

作为地外文明的搜寻者，我们还要注意到，除了地中海和中东地区，南美地区以及中国也各自独立地发展出了文字，所以我们有足够理由认为，书写也是趋同的。事实上，中国人不仅发明了现代纸张，还第一个发明了木板印刷术。他们也最早发明了活字印刷术，[1] 但由于某些原因 —— 可能是中国汉字数量众多 —— 活字印刷术并没有被发扬光大。

公元751年，唐朝向西扩展的脚步在与阿拔斯王朝的怛罗斯战役（Battle of Talas）后中止，中国战俘向捕获方透露了造纸的秘密。到了公元794年，巴格达出现造纸业。中世纪期间，伊斯兰学者在经典古希腊文本的基础上奠定了现代科学和数学的基础。[2] 由于十字军东征，穆斯林的学术成果和造纸技术最终得以传入西欧。13世纪晚期，先是意大利，随后是法国和德国，先后成为造纸业中心。

另一次飞跃是1450年谷登堡（Gutenberg）发明了印刷机。随着大量信息涌入欧洲，这个落后地区一跃成为许多科学巨匠的故乡，例如莱布尼茨（Leibniz）、开普勒和牛顿。他们的发现点燃了19世纪中叶的工业革命，带来了农业、制造业和能源生产的机械化。最后，在如今的数字时代，所有的信息都能在线获取，以汹涌的电磁洪流的形式环绕着地球。

作为人类，我们发现很难把我们的技术看作自然的一部分，因为大部分自然选择的产物都是蚁丘或蜗牛壳之类的。在

---

1. 中国印刷工毕昇在1041年左右发明了泥活字印刷，元代地方官员王祯发明了木活字印刷。
2. 伊斯兰数学家花拉子米（al-Khwarizmi，约780—850）发明了"代数"（algebra）一词，这是"al-jabr"的英语化。"al-jabr"是他用来求解二次方程的数学运算过程之一。

我们看来，蜿蜒的公路和星罗棋布的无线电塔，与树叶的叶脉和蜘蛛网的节点截然不同，但当然它们本质上是一样的。把互联网看作是人类机体的自然延伸似乎感觉有些荒谬，但接下来的这个问题很重要：所有这些信息是为了什么？

在演化生物学家看来，答案相当明确：不"为"什么。不论是蓝眼睛的基因还是可爱猫咪视频的代码，善于让自己被复制的信息终将成为世界的主宰。改善宿主的健康状况是一个富有成效的策略。你 iPad 中的信息会增加你生育后代的可能性，这和你 DNA 中信息的作用一样。不可否认，读一本迪克·弗朗西斯[1]的优秀小说对你的生育能力有何直接作用很难看出来，[2] 但是，请相信我，这很可能是迪克·弗朗西斯存在的理由。当我们以宏观的视角，从全局看问题，事实就不可否认地显现出来。自文字发明以来，人类数量急剧增长。[3]

我们一直在本书中试图从地球上的智慧生命得到一些启发，以帮助我们寻找其他星球上的智慧生命。关键的第一步是细胞的出现，接下来是光合作用。真核细胞的出现使得多细胞生命成为可能，随后是动物（或称后生动物）的演化。最后，

---

1. 迪克·弗朗西斯（Dick Francis，1920—2010），英国侦探小说家，骑马师。——编者注
2. 它能让你在这个疯狂的世界中保持清醒，这样你就能够避开交通事故，最后和某人发生关系。
3. 据估计，全新世早期人类人口还不到 1 000 万，1804 年这个数字达到 10 亿，1925 年达到 20 亿。

信息存储方式从 DNA 向硅材料转变，使得人类文明的成就超越了每个人可以到达的高度。书写具有趋同性，书写带来的信息爆炸将一个部落转变为成熟的技术文明。如果宇宙间还有其他的地球，那么很可能有像我们一样的外星人可以交流。

如果那些星球和地球不一样又会如何呢？我们能在这些星球上找到可交流的智慧生命吗？如果找到了，这些外星人会是什么模样呢？是时候把我们的网撒得更广一些，在我们邻近的星系中寻找已知形式的生命了。最后，我们要把网再撒远一些，寻找终极大奖：未知形式的生命。是否存在非碳基的智慧生命呢？生命真的需要化学反应作为基础吗？它们是否能在尘埃云里或恒星表面扎根？如果它们真的存在，我们要如何得知呢？

超级地球

如果说，我们一起在这段寻找外星人的旅程中学到了什么，那就是，在地球上，导致可交流生命得以出现的关键几步花费了很长的时间，总计大约为 40 亿年。[1] 问题在于，尽管

---

1. 大致过程如下：40 亿年前细胞生命在海底热液喷口附近出现，在 30 亿年前演化出产氧光合作用，20 亿年前出现了真核细胞生物，大约 15 亿年前出现多细胞结构，约 5.75 亿年前出现了复杂多细胞结构。植物在大约 4.8 亿年前的奥陶纪登上陆地，两栖动物在 3.75 亿年前的泥盆纪紧随其后。2009 年，《我的世界》（*Minecraft*）内部测试版发布。

类太阳恒星的寿命大约为 100 亿年，但在寿命过半后，它们开始耗尽氢并逐渐升温。5 亿年后整个世界的海洋就将被蒸发殆尽，我们的地球会成为一个乌烟瘴气的不毛之地。简单来说，像太阳一样的恒星若要发展出像我们一样的生命，并没有想象中那么理所当然。

你大概会想：我们可以找一颗长寿的恒星，然后在这颗恒星的宜居带内寻找地球大小的行星。不过这有一个问题。最长寿的恒星是那些最小、最暗弱的恒星，即红矮星。红矮星的寿命可达数万亿年，但它们不仅远不如太阳稳定，经常释放有害的辐射，而且它们的宜居带距离恒星本身也更近。这意味着即使它们有几颗含水岩质行星，这些行星也会位于有害恒星辐射的范围内。[1]

万幸，我们还有另一种选择。有一种中等大小的恒星，即橙矮星[2]，是孕育生命的完美选择。它们不仅寿命长，可超过 150 亿年，而且它们像太阳一样稳定。实际上，与类太阳恒星相比，橙矮星发射的有害紫外辐射更少。而我们的地球，直到大约 23 亿年前大氧化事件之后，即臭氧层形成以后，才有效

---

1. 有种情况大概可以避免伤害。红矮星质量相对较低，宜居带内的岩质行星很可能会与母恒星潮汐锁定。如果行星总是以一个半球背对母恒星，它就能得到保护，免遭辐射毁灭，这个半球还可以通过大气对流获得另一个半球的能量。另外，一颗大行星可能会产生巨大的保护性磁场，保护自己或者卫星免受最坏影响。

2. 简单复习一下，我们将燃烧氢的恒星从亮到暗排序，标记如下：O、B、A、F（黄／白矮星）、G（黄矮星）、K（橙矮星）以及 M（红矮星）。

地阻隔了紫外线。太好了，所以我们应该在这些恒星的宜居带内寻找地球大小的行星，对吗？大错特错。

很不幸，说到长寿，诸如地球这类小型岩质行星就不能胜任。据我们所知，板块运动是形成碳基生命不可或缺的条件之一。火山喷发可以向大气中释放二氧化碳，这样地质活跃的行星就能避免冻结；另外，根据我们所钟爱的理论，海底的火山口正是生命起源之地。没有火山，就没有生命。要使得火山活动活跃，行星的核心需要保持炽热。问题是，像地球这样的小型岩质行星会在橙矮星燃烧殆尽之前先冷却下来。

这时候就该超级地球出场了。它们的质量一般是地球的好几倍，热量能够保持得更持久，火山在橙矮星漫长的生命周期中保持活跃。而且，磁场也会伴随着熔融的核心产生，这样就有了能阻挡宇宙线和恒星耀斑的保护层。一些人，例如德国哥廷根大学天体物理研究所的勒内·埃莱尔（René Heller），甚至称这类行星"超级宜居"，认为这类行星比地球更适合生命演化。更令人兴奋的是，不同于那些地球大小的"小不点"行星，它们将被下一代望远镜更容易地发现。

智慧生命 2.0

那么，在橙矮星宜居带内的超级地球上的生命会是怎样的呢？和预测地球大小的行星上的生命时类似，我们没办法准确预测演化路线，只能对演化的终点做一些合理的猜测。生命在这类超级地球上能够演化的时间几乎是在地球上的两倍，那里大概会是非常有趣的地方。

发条橙 [1]

让我们以物理学为切入点，看看这颗超级地球会发生什么。毫无疑问，更大的地球意味着更强的引力，但这会对陆地、海洋和大气造成什么影响呢？影响真的挺大的。计算表明，当行星大小和地球相当时，就会产生板块运动，而当行星质量达到地球质量的 5 倍时，板块运动会中止。行星的下限是将产生深海和广阔的大陆；当行星质量达到两倍地球质量时，在更强的引力作用下将产生带群岛的浅海。

这可是个好消息。因为浅海和岛屿有利于生物多样性。即使现在，我们也发现大陆以及大洋深处相对贫瘠，而岛屿和潟湖中则充满了生命。不过我们有些言之过早。超级地球上的生命是否会沿着地球上的生命路径，在大洋中出现，从单细胞生命开始，一步步走向复杂，并最终登上陆地呢？

在我看来，演化路径或许不同，但演化终点是一致的。基于我们所钟爱的假设，单细胞生命至少在海底热液喷口演化了

1.　这是安东尼·伯吉斯（Anthony Burgess）1962 年的反乌托邦小说和库布里克 1971 年的同名电影。——编者注

两次：一次是细菌，一次是古菌。任何发生超过一次的事件都有趋同的可能。因此，我们可以假设单细胞生命是一种必经之路。接下来，细菌和古菌都进入了下一步，也就是说，它们脱离了海底热液喷口的电能，并学会了利用光能，即光合作用。

当然，早期的光合作用包括了利用光能转移海底热液喷口附近化学物质的电子：其中硫化氢是它们的最爱，铁也算一个。这些电子被固定在二氧化碳分子上，生成糖。最后，只有蓝细菌这种细胞采用了一个更复杂，但更成功的过程：产氧光合作用。在这个过程中，光能被用于从水中捕获电子，同时也生成糖，不过这个反应会释放副产品——氧气。

换句话说，原始的光合作用出现了数次，而产氧光合作用只出现了一次。在我看来，这意味着其他地球和超级地球有可能没有充满高度可燃的氧气。不过我们不必紧张，毕竟游离氧对于原始生命来说是个大问题。氧气不光有毒（对于原始生命来说），而且还会氧化大气中的甲烷。由于这种主要的大气温室气体被清除，引发了休伦冰期，触发了雪球地球。

当然，生命最终还是适应了这种环境，通过线粒体燃烧氧气的真核生物最终统治了地球。但如果没有氧气带来的问题，真核生物会走向不同的演化路径吗？造就真核细胞的内共生现象不止出现了一次。举一个值得注意的例子，正如我们认为古菌吞噬并奴役细菌从而诞生了真核细胞一样，我们也相信真核细胞吞噬了蓝细菌从而产生了植物细胞。

　　真核细胞就像是迈凯伦 P1（McLaren P1）超级跑车，而原核细胞是马自达 MX-5（Mazda MX-5）；当它们登上历史舞台时，通往复杂多细胞生命的道路就变得畅通无阻了。在地球上，动物、真菌、植物以及藻类都是复杂化的产物，我们可以合理地猜测，超级地球上也会有同样的现象。[1]然而，谁也不能猜到是哪种复杂生命首先出现在海洋中。按照经验推测，我们可以参考埃迪卡拉纪的奇怪生物，但从这里开始如何发展，就不得而知了。

　　我们真正能够仰仗的，是我们在地球上所见到的同样令人惊讶的适应力。就像在地球上一样，如果某些单细胞生物有所突破，演化出了产氧光合作用，类植物形式的生命无疑会登上陆地。当然，它们不一定是绿色的。没有人能完全确定叶绿素主要吸收红光和蓝光的原因：或许是这两种颜色近水楼台先得月，或许是大气层对光子具有某种选择性。不管答案是什么，都没有理由认为外星叶绿素也一定就是绿色的。在我们看来，一棵生长在橙矮星行星表面的植物大概会是黄色的，甚至是黑色的。

　　如果产氧光合作用没能出现，没关系，生命一定会找到别的出路。利用阳光合成糖的复杂多细胞生命——某种介于植物和真菌之间的生物，或某种能生物发光的黏菌——最终会在海洋中发展壮大并占领陆地。一旦它们成功了，其他以它们

1.　说到复杂程度，植物要甩开藻类和真菌几条街，动物又甩开植物好几个光年。

为食物的复杂生物就会陆续出现。

另外，没必要识别外星生物的身体结构，但武器、盔甲、四肢、眼睛、嘴巴和大脑已经在地球上演化过多次，我们可以合理地假定它们还会出现。也许那里更厚的大气层会提高生物的飞行能力，空中充满了飞行生物；也许更多的岛屿会使那里的陆地生物多样性比地球更丰富。这些我们都还不能完全确定，不过最后，一个或多个智慧生命将发展出文明，那才是真正乐趣的开端。

回到未来[1]

超级地球有可能比我们自己的地球更宜居，这让我们要更加关注一件事：我们找到的外星文明很可能比我们古老得多。这让我们迷失了寻找方向。想象 5 年后人类文明将走向何方就已经足够困难了，更别说一个 5 亿年后的外星文明了。这样的行星会以怎样的形式出现在我们的望远镜视野中呢？

开普勒 62（Kepler 62）就是一个很好的例子。它是一颗位于天琴座的橙矮星，于 2013 年 4 月 18 日被发现，距离我们 1 200 光年。这颗恒星的年龄约为 110 亿年，其宜居带内有两颗超级地球。假设我们的地球处于平均发展水平，形成一个技

---

1. 标题源自 1985 年同名科幻喜剧电影。——编者注

术文明用了 40 亿年,这表示这两颗超级地球中任何一颗或两颗都可能拥有已经存续 10 亿年的可交流外星文明。[1]那么,我们应该从哪里开始? 我们应该寻找什么?

我们自然没法预测一个有 10 亿年悠久历史的科技会是什么模样。不过,根据我们对地球生命的了解,我们依旧可以列出一个寻找清单。根据热力学第二定律,无论智商高低,所有生命,都以热的形式耗散能量。热量的本质就是红外线。那么,我们要做的就是把我们其中一台红外空间望远镜对准附近一颗在宜居带拥有超级地球的橙矮星,看看它是否释放了大量红外线,对吗?

很遗憾,不是这样。虽然橙矮星已经比我们的太阳要暗许多,但它们还是过于明亮了,以至于下一代红外望远镜,例如韦布空间望远镜,都无法从中分辨出文明信号。我们也许更有可能找到著名的戴森球 —— 这种文明利用吸光的卫星阻挡母恒星的光线 —— 但天空中有许多微暗的物质也能发出红外线,例如被尘埃包围的原恒星,这使得我们很难证明哪一个才是真正的戴森球。[2]

不过正如我之前所暗示的,或许这也在韦布望远镜的能

1.　不是 65 亿年,记住了,因为还有伽马射线暴。任何比 50 亿年更古老的东西都会被烤熟。

2.　尽管如此,费米实验室还是在红外天文卫星(IRAS)上运行了一个程序,试图做到这一点。到目前为止,他们已经确定了 17 个"疑似"候选目标,其中 4 个被标记为"有趣但仍然存疑"。

力范围内，而且即将投入使用的欧洲极大望远镜（E-ELT）[1] 也能从过境的超级地球上获取足够多的红外信号，以分析它们的大气成分。例如，我们可以寻找氧和甲烷的特征谱线，我们都知道它们都是由地球上的生命或诸如氯氟烃（CFCs）之类的污染物产生的。不过，要想真正探测邻近超级地球发出的红外线，我们需要一些黑科技。

这可能正是 NASA 的新世界任务（New Worlds mission）。目前，新世界任务还处于设计阶段，它的目的是巧妙地解决那些宜居行星相对于母恒星来说不易被观测的问题。从本质上说，新世界任务是发射一台空间望远镜和一个遮星伞，通过调整设备，使得遮星伞正好遮挡母恒星的光线，从而使行星现身。通过这种方法，我们就可以同时清楚地探测到行星发射的红外线和可见光，甚至有可能分辨诸如海洋和陆地等行星的表面特征。想象一下，如果有朝一日你能在图像中看到遥远行星的表面有像地球夜晚那样的灯光网络，那可真令人激动。

太阳系内的候选人

关于类地行星和超级地球就说到这儿。其他类型的行星会不会也能孕育生命呢？显然，我们首先应该在我们自己的太

1.　计划是 2022 年。

阳系里面找找，现在有两个候选者：木卫二和土卫六。你应该还记得，木卫二是伽利略在 1610 年发现的四颗木星卫星之一，先驱者号（Pioneer）和旅行者号在 20 世纪 70 年代曾拍摄过它的照片，2003 年 NASA 的伽利略号探测器（Galileo）对其进行了最后一次拜访。[1]

　　重要的是，伽利略号发现木卫二仿佛是一间大冰屋，其外层冰壳下是一层温暖的咸水海洋。冰层表面有黏土的痕迹，表示它近期曾与小行星或彗星撞击。我们知道，彗星和小行星也会携带有机物质，所以木卫二的海洋中很有可能存在长链碳分子。不仅如此，哈勃空间望远镜还在木卫二南极区域观测到涌出的羽状水流，这表明我们可能不需要挖开冰层就能获得木卫二海洋的样品了。

　　人类计划在 21 世纪 20 年代早期执行两项木卫二探测任务。欧洲航天局的木星冰月探测器（JUICE）会在 2030 年前后抵达目的地，不过如果 NASA 新的太空发射系统按时搭建好的话，尚未被命名的木卫二探测任务就会率先抵达那里。JUICE 的名字就透露了任务内容，它还会飞掠木卫三和木卫四；而 NASA 的任务会特别关注木卫二。届时我们就能确切地知道海洋的温度、深度和盐度。更令人激动的是，NASA 的任务还计划飞掠木卫二的一道水羽流，探测其中的化学成分。

1.　伽利略号探测器于 1989 年发射，1995 年抵达木星，用了 8 年时间探索木星系。最后探测器特意坠入木星，以避免地球生命污染木星卫星。

若结果喜人，很快就会有登陆任务跟进。从利用探测工具在木卫二南极附近的羽状流中取地表水样，到派一艘能够钻透木卫二冰层，进入海洋的潜艇。水下的生命会是什么模样？简单来说，我们没什么把握。我们面对的可能不是如北海巨妖（Kraken）[1]那样的生物，而可能会发现一些微生物生命。此外，我们还会寻找复杂碳分子——例如氨基酸或者糖——但当然，木卫二生命所利用的碳分子可能完全与地球不同。就算我们找到了，也不一定能立刻认出来。

土卫六是另一个希望。尽管在欧洲航天局的惠更斯探测器之后，新的土卫六探测任务遥遥无期。你会记得，土卫六是一个真正的外星世界。土卫六的气候与地形和地球极为相似，只不过覆盖土卫六表面的不是水，而是甲烷，水冰则取代了岩石。土卫六有浓厚的大气层，其中富含氮。甲烷云飘过大气层，将甲烷雨洒向地面的甲烷湖，将甲烷雪倾落到山上。

最激动人心的任务莫过于派潜水器探测土卫六的甲烷海洋，探寻海洋深处的生命迹象了。土卫六的甲烷湖是硅化学的完美溶剂吗？在元素周期表中，硅与碳同属一族，都能形成长链分子。在土卫六上，仅仅基于硅而不是碳，是否就能演化出复杂生命呢？

天文学家玛吉·艾德琳-波科克（Maggie Aderin-Pocock）就是这样认为的。她在 2014 年的一篇文章中提出，这样的外

1.　北欧神话中居住在挪威和冰岛近海的一种巨型海怪。——编者注

星生命可能以巨大的飘浮在空中的水母形态出现,浮力源自巨大的气囊,通过巨大的嘴巴汲取大气中的养分,并使用光脉冲相互交流。对了——它们的底部是橙色的,这样它们就能隐蔽在朦胧的土卫六天空中了。如果你觉得这一切听起来很奇怪,你需要了解下瓦季姆·齐托维奇(Vadim Tsytovich)和他有生命的尘埃云。

寻找螺旋

星际尘埃云是有生命的吗?是它们往地球播下了生命的种子吗?这是俄罗斯资深等离子物理学家瓦季姆·N. 齐托维奇提出的有趣观点。2007 年,他在《新物理学杂志》(*New Journal of Physics*)上发表了一篇推测性的论文,文中他描述了等离子体——对你我来说,就是带电粒子云——如何将尘埃颗粒组织成能自我复制的螺旋结构,这完美地契合了生命的定义。

等离子态是除固、液、气以外的第四种物质形态,它是气体分子分解产生带电粒子(离子)时的产物。霓虹灯就是一个典型的等离子体的例子,它是一根充满氖气的玻璃管,当电流从中通过时,玻璃管中的气体就形成发光的等离子体。电火花也是等离子体,宇宙线或背景辐射的自由电子进入电场后加速,轰击空气分子使之形成等离子体。随后,电流经过等离子体,产生声、光和热。

虽然等离子体在地球上并不常见，但它们是宇宙中最丰富的物质形态之一。它们不仅存在于星际空间中，也存在于星际分子云以及围绕着年轻恒星及其上层大气的原始行星盘中。在上述例子中，它们和尘埃混合在一起，形成了一种迷人的结构，即"等离子晶体"。

在对等离子晶体进行建模时，齐托维奇发现它们有一些生命体才有的属性。在适当条件下，它们能够产生双螺旋结构，这让人联想到 DNA。在这种双螺旋结构中，不仅螺旋的宽度和长度会发生改变，提供了一种信息编码方式；而且在某些模拟中，它们会一分为二，有效地进行自我复制。

我们还没能在实验室中创造出这样的结构，但齐托维奇确信，等离子体中的螺旋尘埃结构所展现的特性和生物一样。毕竟它们靠等离子体的能量生存、繁殖，并演变成永久的复杂结构。在某种程度上，它们能被看作是活着的吗？而且，在这个问题上，生物和非生物之间的界限究竟在哪里？正如弗雷德·霍伊尔[1]在他 1957 年的小说《黑云》（The Black Cloud）中所提到的那样，是否存在一种仅仅由带电尘埃组成的智慧生命呢？

---

1. 这就是第四章提到的英国天文学家，他也创作过多部科幻小说。——编者注

煮出想法

昨晚我为我的二儿子煮了通心粉。我烧了一小锅水，往里面倒了些橄榄油，又抓了一把通心粉放进去。十分钟后，我打开盖子，发现所有通心粉都竖了起来，挤在锅的一侧。在沸水当中，这些通心粉显得非常整齐划一。在我最开始放进去的时候，它们是横七竖八地躺在锅底的，现在却呈现出高度有序的状态。[1] 这是为什么呢？

我们经常在自然界中看到这样的现象，只是没有运用物理知识去描述罢了。热力学——关于能量与信息之间关系的理论——实际上只适用于平衡状态的系统，但现实世界中大部分系统都不是这样的。给一个东西提供能量，通常它会自己组织起来。以固定节拍捶击一个水箱，你会发现水面产生了涟漪。这些涟漪看起来很漂亮，但实际上它们之所以产生，是为了尽快耗散你通过捶击输入的能量。同理，当我点火加热锅底时，通心粉自我组织起来，相比于混乱的排布，它们能更快地将热量传递给外部空间。

在这一领域有些非常有趣的研究工作[2]，揭示了生物系统也

---

1. 橄榄油可能是这里的关键因素。省略它，并且不搅拌，你的通心粉就会凌乱地躺在锅底。

2. 具体来说，我是想到了麻省理工学院的杰里米·英格兰（Jeremy England）2013 年的论文《自我复制背后的统计物理》（"Statistical physics of self-replication"），通过各大搜索引擎均能搜索到。

在发生非常相似的事。太阳的引力能需要耗散，太阳由此出现分层和核聚变，并高度有序地向外辐射光线。随后，光进入生物圈。在那里，为了消耗来自阳光的能量，碳分子变得有序，从而产生生命。生命的存在是为了加速宇宙热寂的到来。

作为生物，我们的问题主要在于，我们看不到更宏大的图景。我们视自身的存在为一场战役，试图在一个需要混乱的世界中维持秩序。但我们忽略了很重要的一点。我们在生存斗争中其实正在为宇宙服务，因为我们正在消耗能量。宇宙并不需要那些地下化石燃料，而是希望消耗掉它们。还有什么办法比把这些燃料丢给一个对能源贪得无厌的智慧文明更好呢？

按照这种逻辑，智慧生命应该无处不在。只要有能源的地方，我们都应该期待能找到有组织的物质，它们可以帮助能源尽快地消耗能量。以恒星为例，一种方式是形成一个太阳系。太阳系内有气体、尘埃和行星，物质将自身组织成球体，形成天气模式和生命。我们发展智能和技术的原因和导致细菌光合作用的原因如出一辙：因为这是消耗太阳系能量的好方法。

生命体和非生命体并没有什么本质上的区别，都是物质。我们其实是耗散能量的涟漪。以这种方式看，外星人其实无处不在。有些不过是海滩上光滑的鹅卵石，或者碳酸饮料中的二氧化碳气泡。有些是霉菌和真菌。其他的可能性还有工程造价师和尘埃云中的螺旋晶体。

第八章

信　息

本章中，作者开采了罗塞塔石碑，同时向天空发射大数据。

　　当布卢姆（Bloom）向同伴指点各处星座时，在思索着什么呢？

　　思考的内容，涉及宇宙的演化愈发巨大；涉及近地点新月之不可见；涉及天然奶般的银河，白昼可在由地面向地心垂直向下挖5000英尺的圆筒竖井中观察；涉及天狼星（大犬座α星），距地球10光年（57万亿英里），体积是其900倍；涉及大角星；涉及岁差现象；涉及猎户座及其腰带，六合星猎户座θ还有星云，大小足以容纳100个太阳系；涉及垂死与新生的恒星，例如在1901年发现的新星；涉及我们的太阳系正在往武仙座方向冲去；涉及视差，恒星之间的视差位移，所谓的恒星，实际上是不断移动的漂泊者，从不可计数的遥远的亿万年前飘向无穷无尽的遥远未来，人的寿命限度70年与它相比，仅是无限短暂的一个小小插曲而已。

——詹姆斯·乔伊斯（James Joyce），《尤利西斯》[1]

2015 年 7 月 20 日，俄罗斯互联网亿万富豪尤里·米尔纳（Yuri Milner）在英国皇家学会召开了一场新闻发布会。一同出席的专家有斯蒂芬·霍金、弗兰克·德雷克、马丁·里斯（Martin Rees），以及卡尔·萨根的遗孀，同时也是《地球之声》（Sounds of Earth）的共同制作者安·德鲁彦（Ann Druyan）。米尔纳在发布会上宣布了一项具有颠覆性的 SETI 新计划——突破聆听（Breakthrough Listen）。人类将在未来10 年内搜寻邻近的 100 万颗恒星和 100 个星系中是否存在外星信号。如果的确有外星人呼叫，我们会拿起话筒回应。

实际上，米尔纳的工作是向 SETI 提供一大笔资金[2]，以购买世界上最强大的三台望远镜的使用时间。位于西弗吉尼亚的绿岸望远镜[3]和位于新南威尔士的帕克斯射电望远镜负责搜寻射电信号，而位于加利福尼亚的利克望远镜（Lick Telescope）则负责寻找光学激光传输信号。到目前为止，SETI 每年已经很难承担在这种设备上购买超过一天时间的费用，这是他们建立艾伦望远镜阵列的原因之一。现在，他们每年将有上千个小时

1. 根据金隄先生翻译的《尤利西斯》中译本。——译者注
2. 1 亿美元。
3. 绿岸望远镜就是那台弗兰克·德雷克用来开展首次 SETI 搜索的望远镜。1960 年他对准了两颗最近的类太阳恒星，天仓五和天苑四。

的观测时间，这大大提高了计划的搜索速度、覆盖范围以及搜索精度。

　　SETI 搜寻可见光信号——业内叫作"光学 SETI"——已有 10 年之久，不过近期激光应用的发展使得突破聆听计划的出现更加及时。2014 年 1 月，NASA 利用一束激光向月球勘测轨道飞行器（Lunar Reconnaissance Orbiter，LRO）传送了名画《蒙娜丽莎》（*Mona Lisa*）的图像。LRO 是一架绕月飞行器，目前正在对未来的月球着陆点进行调查。NASA 随后还在国际空间站上利用"激光通信光学有效载荷"（Optical PAyload for Lasercomm Science, OPALS）迅速跟进，证明了在传送数据时，使用激光比使用无线电快。这是否说明，我们寻找射电波的传送模式已经落伍？也许外星人已与时俱进，也在利用激光与他们的卫星和月球基站通信？

　　利克天文台加入搜寻意味着我们能够更进一步。射电波的一大劣势是四处散播，强度衰减快；而激光则更有方向性。问题在于，如果要探测激光，你需要靠近其发射方向。激光的另一个风险在于它是能够高度加密的。毕竟，那些用射电波广播的人希望信息被越多的人接收越好；但如果使用激光，你就可以保证你的通信安全。和之前的 SETI 计划一样，虽然成功的可能性依旧渺茫，但新探测技术会带来很多好处。如果有一天我们发现自己接入了银河系的互联网，会发生什么？想象一下，那时我们能看到多少理查德·道金斯和神创论者辩论的视频了。

除了突破聆听计划，米尔纳还提出了第二个同样诱惑力十足的展望——突破信息（Breakthrough Message）。虽然还未公布细节，但重点是悬赏 100 万美元的奖金，用于奖励写出"代表人类和地球"的数字信息的人。正如安·德鲁彦解释的那样："突破信息竞赛旨在群策群力，制造话题，引发讨论。我们在宇宙中究竟是何种存在？我们希望分享的地球生命的本质究竟是什么？"

如果你觉得这些信息量还不够多，还有一条消息：包括 SETI 编写的用于破解信息的代码在内的所有数据都可以在线查看。如果你也想加入，亲自分析数据，或者改进"突破聆听"的软件，无任欢迎。如果你只是想参与进来，也可以下载 SETI@HOME 软件[1]，并准许它调取你的电脑的闲置运算能力，从而让你的电脑成为世界上最大的超级计算机中的一员。作为一个利用诸如脸谱（Facebook）等社交网络赚钱的商人，米尔纳的目标很明确，就是想把"突破聆听"打造成人人都想参与的项目。

另一个地球

米尔纳可谓神机妙算。在他召开发布会几天后，开普勒

---

1. 该项目已于 2020 年 3 月 31 日进入休眠期。——编者注

空间望远镜就发现了开普勒 452b，一颗被称为"地球 2.0"的系外行星。准确地说，这颗系外行星应该被称为"超级地球 2.0"，因为它的直径比我们的地球大 60%，表面重力是地球的两倍。如果这颗超级地球表面有水，那么它就会拥有我们在上一章所提到的那些令人振奋的宜居特征，那会是一幅被浅海包围着的印度尼西亚式的火山群岛景象。

我们当然是在讨论围绕着橙色恒星的超级地球。开普勒 452b 正围绕着一颗类似太阳的黄色恒星公转，[1] 而且位于恒星的宜居带内。和其他开普勒行星一样，开普勒 452b 和地球也有些距离：为 1 400 光年。[2] 换句话说，如果我们现在截获了一条来自开普勒 452b 的信息，那么信息是在 1 400 年以前发出的；如果它们明天也收到一条我们的信息，那么信息就是在公元 615 年 [3] 发出的，比先知穆罕默德（Prophet Muhammad）征服麦加还早 15 年。

但从另一方面来说，开普勒 452b 的母恒星的年龄大约为60 亿年。同样，我们假设地球具有典型性，类地行星发展出具有通信能力的智慧生命平均需要 40 亿年。而由于伽马射线暴，任何行星在 50 亿年以前都不会产生生命。我们由此可得

1.　开普勒 452b 的公转周期为 385 天。

2.　开普勒望远镜对准了天鹅座和天琴座之间一片遥远但密集的恒星天区，它监控着这片区域内 15 万颗恒星的亮度，这些恒星距我们数百到数千光年不等。

3.　按作者写作本书时的时间推算。——编者注

出结论，开普勒 452b 上的生命比我们早 10 亿年产生。如果地球上的生命再进化 10 亿年，又会是什么样子呢？

我不是预言家，所以我们还是回望过去，看看我们已经了解的东西。回望上一个 10 亿年，也就是追溯到寒武纪大爆发之前，大部分生命还处在单细胞的时代。那时没有三叶虫，没有海绵状的埃迪卡拉生物，只有诡异的五彩斑斓的微生物垫。我们发现 10 亿年前的生物和现在截然不同，两者的差距就如同我们与细菌的差异，这真是"细思恐极"。马丁·里斯认为，10 亿年后的生物甚至不是你我熟悉的碳基生物，而是早已逝去的文明的机器人。

不管真实情况如何，越来越清楚的是，当我们和外星人交流时，时机非常重要。或许，外星人就在那儿，但现在它们的信号是否能到达我们这里？一旦到达的话，我们是否有能力理解这些信号？当弗兰克·德雷克写下他那著名的方程式，计算可交流文明的数量时，其中一个关键因素就是一个文明可被探测到的时间长度。而可探测与可破译之间有天壤之别。我们或许可以收到来自开普勒 452b 的无线电广播——尽管是通过一些老式的发射机——但我们如何才能解码这些信息？

让我们畅想一下，突破聆听计划取得了巨大成功，在 7 年的时间里，在搜寻了多达 752 656 颗恒星后，我们终于探测到一束激光信号。这个信号来自 355 光年以外，一颗围绕类太阳恒星公转的地球大小的行星。[1] 和电影《超时空接触》中的情节类似，首先是一段可识别的呼叫信号 —— 可能是质数或圆周率 π —— 随后是一段简短的广播。我们如何判断广播中是否包含信息，而不是随机的噪声？如果其中确实包含信息，我们如何翻译它？

奇怪的是，这并不是学者们第一次面对这样的问题。几个世纪以来，欧洲一些最伟大的思想家努力去读懂一个远古民族的典籍，他们相信典籍中可能包含促进人类技术和精神文明进步的智慧。谁能破解当中奥秘，谁就会得到无尽的荣光，这引得无数人竞折腰。一位年轻的语言学家排除万难做到了这一点，成了法国的民族英雄。接下来我们要遇到的，就是这位伟大的让-弗朗索瓦·商博良（Jean-François Champollion）。

往昔是一个外星国度 [2]

在法国大革命时期，如果你想寻找生命的真谛，除了《圣经》之外，你只能从一个地方去寻找，就是古埃及人的秘密。

---

1. 杜伦大学计算宇宙学研究所的网站给出的数据是在 250 光年内有 25 万颗恒星，因此我假设恒星分布的密度均匀，得出在 360 光年范围内有大约 75 万颗恒星。

2. 标题原文 "The Past is an Alien Country" 是借用英国作家 L. P. 哈特利（L. P. Hartley）1953 年的小说《送信人》（*The Go-Between*）的经典开篇语 "The past is a foreign country"（往昔是一处异域外邦）。——编者注

希伯来人的故事不仅与法老的故事交织在一起，而且暗示着埃及文明也有同样神圣的根基。但这里有一个问题：虽然有少部分古埃及文物在罗马帝国时代流落欧洲，但埃及本身长期以来一直是禁区。[1]更令人着迷的是，这些文物上的象形文字——在希腊语中被称为"圣书体"——在 14 世纪的大部分时间里都无法破译。

拿破仑·波拿巴（Napoleon Bonaparte）让事情出现了转机。为了效仿他的英雄亚历山大大帝（Alexander the Great），他决定殖民埃及，并打算开凿一条贯通苏伊士（Suez）的运河，让法国人重燃对印度的兴趣。1798 年 7 月 1 日，在地中海躲避了纳尔逊的舰队后，他带着 400 多艘船和 3.8 万人在亚历山大港附近登陆。[2]这些人中包括数学家约瑟夫·傅里叶（Joseph Fourier）、博物学家艾蒂安·若弗鲁瓦·圣伊莱尔[3]等法国知识界精英，他们分散在 17 艘船上以确保安全。虽然拿破仑最终没能征服埃及，但这些学者带回了真正的财富：一件古埃及文物——罗塞塔石碑。

---

1. 实际上，自伊斯兰文明在公元 641 年征服埃及以后。
2. 准确的数字很难说，粗略来看，有 30 000 名步兵，3 000 骑兵和 3 000 名炮兵与工程兵，以及 380 名拿破仑的个人护卫。其余是 300 名女性和 167 名学者。除了 400 艘运输船外，拿破仑有 13 艘战列舰和 7 艘护卫舰。纳尔逊有 13 艘战列舰，但——在经历了地中海的风暴后——没有护卫舰。
3. 就是我们上一次说到咱们共同的朋友鸭嘴兽时的那位博物学家。

帝王谷

　　亚历山大大帝在公元前 331 年征服埃及后，这个国家一直由托勒密王朝统治。这是一个由马其顿贵族组成的相当堕落的王朝，他们最终扮演了法老的角色。例如，托勒密一世至三世在亚历山大建成了世界上第一座图书馆；托勒密十四世和他著名的姐姐克娄巴特拉（Cleopatra）七世喜结连理，然后又戴上了凯撒（Julius Caesar）赠予的绿帽子。[1] 在被伊斯兰文明征服后，埃及由一系列哈里发国和苏丹国统治，最后一个是马穆鲁克王朝，统治时间为 1250 年到 1517 年。

　　这时候，奥斯曼帝国统治了这个国家，定都君士坦丁堡，但保留了马穆鲁克作为贵族统治阶级的地位。到了拿破仑时代，马穆鲁克的领袖易卜拉欣（Ibrahim）贝伊[2] 和穆拉德（Murad）贝伊掌握了空前的权力，他们破坏贸易，也不再示好奥斯曼苏丹国。拿破仑正是想利用这种权力真空，他看准了法国过去的盟友奥斯曼帝国已经受够了马穆鲁克的作为，会保持中立。

　　最开始他取得了巨大成功，很快就占领了临海的亚历山大和罗塞塔，随后，又于 1798 年 7 月 13 日在尼罗河的舒卜拉希特（Shubra Khit）打败了穆拉德贝伊的马穆鲁克军队，在 7 月

1.　我不是说建图书馆会带来堕落，我指的是乱伦。就是兄弟迎娶姊妹这种做法——更糟的是——这在古埃及及上流社会中相当常见。

2.　贝伊（Bey）是奥斯曼帝国时对长官的称谓。——编者注

21 日的金字塔战役后占领了开罗。但好景不长，仅仅两个星期后，纳尔逊在阿布吉尔湾（Aboukir Bay）追上了法国舰队（此役又称尼罗河战役），这是一场有史以来最具压倒性的海战胜利之一。英军未损一艘战船，而拿破仑的 13 艘战列舰中，有 11 艘被击沉。拿破仑有了他的殖民地，但他们离家太远了，回家的路变得无比艰难。

名字中的奥秘 [1]

当拿破仑与英军和马穆鲁克人激战正酣时，他从法国带来的学者们也同样奋斗在文化战线上。他们在亚历山大最先发现的是两块古埃及方尖碑，一块仁立着，另一块已倒塌，它们表面都铭刻着圣书体。学者们昵称它们为"克娄巴特拉之针"（Cleopatra's Needles）[2]。方尖碑表面有大量被拿破仑的士兵称

1. 标题原文 "What's in a Name?" 语出《罗密欧与朱丽叶》中朱丽叶哀叹罗密欧的姓氏——她家族的宿敌。后引申为人或物的名字没有本质重要。——编者注

2. 或者，这里应用法语表达，即 les Aiguilles de Cléopâtre。倒塌的那块如今位于伦敦泰晤士河畔，另一块则在纽约中央公园。两者都是埃及政府送出的礼物，这是拿破仑撤出埃及数十年后的事情了。这两块石碑与克娄巴特拉的关系是，她在亚历山大设计了凯撒神庙（Caesarium），在她死后，奥古斯都大帝（Emperor Augustus）把两个方尖碑从位于如今开罗附近的赫利奥波里斯（Heliopolis）的太阳神庙外运送过来。两块石碑原本是法老图特摩斯三世（Pharaoh Thutmose III）为纪念太阳神拉（Ra）在公元前 1450 年建造的。

为王名圈（cartouches）或"弹药包"的象形文字，成组的圣书体文字被刻在一个椭圆形圆圈中，椭圆圈紧靠着一条线。例如，在伦敦的"克娄巴特拉之针"上，你能清楚地看到以下图案：

你不用费脑子去猜了，这是第十八王朝法老的名字，方尖碑就是为纪念他而造的。他就是伟大的军事英雄图特摩斯三世，在公元前 1479 年到公元前 1425 年间统治埃及。[1]在奥古

1.　顺便说两句，另一位著名的法老图坦卡蒙也属于这一王朝，他在位的年代是约公元前 1332 年—前 1323 年。

斯都将方尖碑挪到凯撒神庙时，他肯定知道他向埃及人传递了什么信息。

多亏了奥古斯都和那些把方尖碑当作战利品带到罗马的人，几个世纪以来的西方学者才一直都知道王名圈的存在。当时普遍的看法是，它们由我们所说的表意文字构成，也就是说，是具有象征意义的图画。例如图特摩斯三世的王名圈，其上方的莎草代表上埃及，蜜蜂代表下埃及，出于只有埃及抄写员才熟知的原因，半圆形则代表"主"或"王"。合起来，意思就是"上埃及以及下埃及之主"或"他将统一埃及"。

表意文字的问题在于，我们对符号的内涵争论不休。例如，有些学者认为莎草会一直生长，所以代表永生，而蜜蜂意味着死亡。在古埃及人眼中，这四个象形文字也许包含我们提到的所有内涵，甚至更多。不过在亚历山大发现的王名圈与学者们后来在上埃及发现的文物相比，简直是小巫见大巫。

基 石

如果说拿破仑对法国舰队在尼罗河战役中战败而心灰意冷，那他并没有表露这种情绪。1798 年 8 月 22 日，他毫不气馁，宣布成立埃及艺术与科学研究院，并把他的学者们安置在位于开罗的一座马穆鲁克王朝的宫殿中。几年后，研究院发表了研究成果《埃及记述》(Description de l'Egypte)，在法国掀起了一场埃及热，一如当年席卷古罗马的狂热。

当拿破仑的将军们试图徒劳地在上埃及的荒漠中与穆拉德贝伊交战时，一位特别的学者加入他们的队伍，希望能够发现更多古埃及遗迹。多米尼克·维旺·德农男爵（Dominique Vivant，Baron Denon）是一位艺术家，曾是路易十五身边的大红人，不过却免于放逐，最后通过约瑟芬（Josephine）在巴黎举办的沙龙结识了拿破仑。在丹德拉（Dendera），他见到了壮观的哈索尔神庙（Hathor Temple），这座神庙的每一面墙和天花板上都刻着古埃及文字。这些铭文几乎没有王名圈，而且有大量全新但尚不为人所知的圣书体。

1799 年 8 月中旬，德农回到开罗后，向其他学者表达了翻译圣书体的紧迫性。这些精美的图形究竟是字面意义还是具有象征意义的争论都被放在了一边，所有古埃及的智慧都能归于它们。包括傅里叶在内的更多学者被派往丹德拉复制相关资料，另一部分人则致力于破译德农画下来的图形。然而，由于大家对主题一无所知，破译工作也就无从下手。不过事情在仅仅几天后有了转机，一块深灰色花岗岩意外抵达开罗。

连　接

幸运的是，就在一个多月前，即 1799 年 7 月 19 日，一群法国士兵一直在努力地加强拉希德要塞（Fort Rashid）的防御工事，这是奥斯曼帝国一个位于罗塞塔附近尼罗河河口的前哨基地。由于当时英国人控制着地中海，这里就成为维护尼罗河乃至整个殖民地的重要一环。在拆除一堵古墙的时候，一位名为奥普尔（D'Hautpoul）的士兵发现了一块刻有铭文的灰色厚石板。这块石板后来被交给了一位名叫米歇尔·安热·朗克雷（Michel Ange Lancret）的军官，他最近刚被推选进入埃及研究院。

朗克雷在检查时发现，石板上的碑文由三种不同的文字组成，分别是古希腊文、埃及圣书体和一种他无法辨认的文字。他对希腊文进行了解读，发现这是孟菲斯（Memphis）的祭司制定的一份日常政令，详细列举了托勒密五世的善举，以及他应受到怎样的景仰。虽然看起来很枯燥无味，但朗克雷瞬间意识到它的重要性。如果三段文字的内容一样，学者们就有方法破译古埃及文字了。

白痴学者

可惜，这些学者们还没把这块石碑捂热，石碑就易手了。法军在尼罗河战役中大败后，奥斯曼帝国不再作壁上观，决定站在英国这边，一同对抗拿破仑。这下拿破仑的殖民地就更加岌岌可危了。拿破仑首先在叙利亚击退了奥斯曼帝国的军队，然后行军至海岸，于 1799 年 7 月 25 日在阿布吉尔湾[1]与奥斯曼帝国进行了一场决定性战役，大败敌军。

在战后交换战俘时，拿破仑从英军那里得知法国的政治局势已经恶化，督政府正面临潜在的政变。拿破仑顿感机不可失，于是立即赶往亚历山大，并于 8 月 22 日启航返回法国，把刚刚到手的殖民地抛在一边。回到法国后，拿破仑挟大胜奥斯曼帝国的余威，成功发动政变。11 月 9 日，拿破仑成为法国的第一执政官，并在 1804 年称帝。

毫无疑问，埃及很快就落在了奥斯曼帝国和英国手上。这下那些法国学者就尴尬了，他们被迫用以物换人的方式返回法国。他们不得不交出的宝贝之一就是罗塞塔石碑。英国得到了这块石碑，并把它运回伦敦大英博物馆长期展出。当然，法国学者留下了罗塞塔石碑的复制品。他们在石碑表面涂满墨水来制作拓片，并将其用作印版，并最终在《埃及记述》中用了三个版面来展示。

克娄巴特拉之针

就是在这个时候，让-弗朗索瓦·商博良登场了。从埃及回来几个月后，大数学家傅里叶在格勒诺布尔（Grenoble）住

---

1. 这也是法国人在 1798 年尼罗河战役中战败的海湾。

了下来。和其他学者一样，傅里叶自称"埃及人"，仍然痴迷着包括圣书体在内的一切古老事物。在去当地一间学校视察时，傅里叶被一位名叫商博良的 12 岁少年所展现出的语言能力深深折服，于是邀请这位少年来自己的书房，向他展示了一些手上的埃及文物。商博良了解到，如今尚未有人能破解碑文，于是他决定致力于破译圣书体。

这个过程自然不会一帆风顺。商博良发现，其中一大问题是石碑上的第三种文字，即世俗体（Demotic），在学术上几乎是未知领域。既然在圣书体方向举步维艰，将研究方向转移至世俗体的翻译也合情合理，不过这同样也是一个棘手的问题。科普特语（Coptic）是埃及文字的一种晚期形式，更为人熟知，而且源于世俗体。于是商博良就以精通科普特语为己任。

商博良不知道他有一位竞争对手。托马斯·杨（Thomas Young）是一位经验丰富的医生和博学家，他最著名的成就大概就是通过杨氏双缝干涉实验证明了光是一种波。[1]杨精通多种语言，尽管他开始研究罗塞塔石碑的时间较晚，但很快就追赶了上来。他着眼于通过王名圈来作为解码的突破口，并做了

---

1. 杨表明，如果遮蔽光源后仅留下两条平行狭缝，光通过两条狭缝后会产生干涉图样。这一里程碑式的实验后来被我心目中最伟大的物理学家之一G. I. 泰勒（G. I. Taylor）改进了一番，证明了光的量子属性。简单来说，他把光源调暗，直到系统每次只通过一个光子，然后他就出海度假去了。当他回来时，同样出现了干涉图样，一如杨当年的实验。这证明了量子物质不存在所谓的"单一路径"。也就是说，如果东西足够小，它就能同时出现在两个地方；实际上它能同时出现在所有地方。

激动人心的推理。他知道古希腊文与世俗体中都有托勒密的名字，于是尝试在圣书体中找到相关的王名圈。

　　他的推理很简单。虽然他和当时所有人一样，相信圣书体是表意符号，而世俗体是表音的，但他还是注意到，一些世俗体符号似乎源自圣书体。难道说有些圣书体是表音的而非表意的？若真是如此，那么在拼写如托勒密（Ptolemy）之类的外来名字时，一定会采用表音的符号。杨果然发现了一些蛛丝马迹，符号的发音对照如下所示：

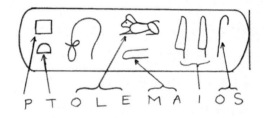

　　不幸的是，他仍然相信埃及人的名字和其他圣书体是表意符号，而不是表音符号，所以没有进一步突破。商博良在读了杨的研究成果后深受启发。他统计了罗塞塔石碑上的字符数，其中有 486 个希腊文单词，对应 1 419 个圣书体。他尽可能地将圣书体分类，发现"单词"总数仅约为 180 个。显然，这其中存在一些问题。古埃及语有没有可能比任何人想象的还要复杂，其中既包含表意符号，也包含表音符号？

　　最终解决问题的关键不是来自罗塞塔石碑，而是来自英国冒险家威廉·班克斯（William Bankes）获得的方尖碑。在

《埃及记述》中，这块倒下的方尖碑及其底座是在尼罗河中位于阿斯旺（Aswan）附近圣岛菲莱岛（Philae）上的伊西斯神庙（Temple of Isis）[1]中被发现的。当它于1821年夏天被运抵英格兰时，班克斯发现底座的希腊碑文中包含托勒密八世和克娄巴特拉三世的名字，托勒密对应了罗塞塔石碑上两个王名圈中的一个。那另一个王名圈对应的会是克娄巴特拉吗？

欣喜之余，班克斯拓印了铭文的希腊文与古埃及语部分，并寄给了杨。杨没能取得突破，认为拓片不准确，进而不再进行任何翻译工作。然而，同样的拓片也寄到了法国的商博良手里，商博良首先检查了托勒密的王名圈是否与罗塞塔石碑上的王名圈对应。果真如此。商博良于是舍弃杨的注音版本，给出另一个发音对照：

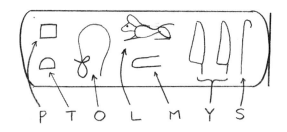

对于第二个王名圈，他很快就认出了其中四个符号：

1.　菲莱岛对守护神伊西斯（Isis）的崇拜一直到公元6世纪。在托勒密王朝，她有守护王国的含义。——编者注

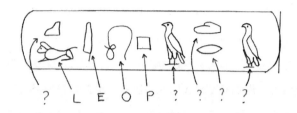

商博良假设其他符号一定也起表音作用，并且同一发音也可以用一个以上的表音符号表示，于是他给第二个王名圈注音如下[1]：

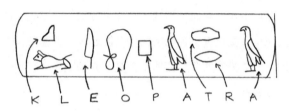

然后，他又给第三个王名圈注音：

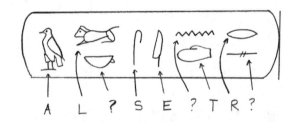

这时他已经知道其中六个符号，从而推断出，这是亚历山

---

1. 这里还有一个亮点：圣书体一般不会包含元音，世俗体也不会。元音出现在埃及–希腊语的组合体科普特语中。

大大帝的名字：

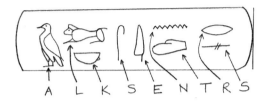

到 1824 年，商博良几乎破解了所有的圣书体。他的著作《象形文字体系概论》（*Précis du Système Hiéroglyphique*）引发轰动，他在书中，指出圣书体中有三种符号：表意符号、表音符号和限定符。其中表音符号才是组成古埃及象形文字的灵魂，而非之前认为的表意符号。事实上，两者也有联系，因为构成表意符号的辅音也是表音符号的一种形式。

例如，在代表图特摩斯三世的王名圈中出现的圣甲虫表意符号，可以代表"这将是"，或三个辅音"hpr"。有时甚至古埃及人自己也会糊涂，所以需要引入第三种符号：限定符。限定符位于表音符号后，让你知道这个词究竟取何种意思。例如，在表音符号 chmplln 后面加入一个表示人的限定符，就表明拼写是"商博良"（champollion）。[1]

---

1. 所以图特摩斯三世王名（throne name）中的太阳⊙，游戏板还有圣甲虫的符号都是什么意思？太阳表示的是"那是"，这很好理解，我们也知道圣甲虫意为"将会是"，但游戏板是什么意思？这不是表意符号，而是表音符号，"mns"。"美尼斯"（Menes）是埃及第一位法老，我们可以导出意思是"曾经是"。合起来，我们就有了"过去、现在、未来"，或者说是"永恒"。所以图特摩斯的王名是"太阳神拉之子，永恒的存在"。呼，终于说完了。

我们并不孤单

　　和商博良以及其他人所期望的相反，研究古埃及文献并没有让我们掌握某些神圣的秘密，也没有向我们展示地球的生命起源。相反，它把我们与最早的文明联系在一起，揭示了古埃及人的残酷和智慧，反映了他们的经济实力和道德弱点。考虑到我们之间相隔了5000多年的文化演变，我们和古埃及人还是非常相似的。这种紧密联系本身就很宝贵，而且还揭示了我们与从撒哈拉以南非洲移民至黎凡特的人类紧密的亲缘关系。不过在书写上，古埃及人是我们的陌生人。

　　由古埃及圣书体的发现所引发的世界热潮无疑可以与发现外星信号后国际社会的反应相类比。有人期望这些信号中包含着宇宙奥秘和超出我们想象的科技：例如，也许是突破我们认为不可能实现的无限能源技术壁垒、时间旅行，甚至终结世界的贫困问题。可以肯定的是，我们必定会发现一些截然不同的东西。不管我们最终会发现什么，就像破译圣书体一样，两种文化之间的许多隔阂将会被消解。简单来说，我们不再孤单。

　　然而，我们探测到的任何信息也和圣书体一样很难被解码。古埃及社会的技术水平比现代社会原始，理应产生一种更简单的书写形式，但实际上并非如此。圣书体的复杂性体现了一种不同于我们今天所习惯的识字方式。在这种识字方式中，书写本身就是一种神圣的行为，象征主义和写实主义就像在詹姆斯·乔伊斯的《尤利西斯》中一样激烈地碰撞。现代英语很容易被数字化，转化为 1 和 0 的字符串，在意义上几乎没有损失。像古埃及语这样高度视觉化的语言能够没有损失地编码吗？当然，我们的语言已经变得更柔顺了，但由于丢失了视觉上的象征意义，它们是否变得不那么富有诗意？

最后，我们从圣书体中学到的最重要的部分，就在于罗塞塔石碑发挥了关键作用。如果不是至少知道信息中的一部分内容，我们就无法解码。当我们和外星人谈话时，我们将用什么代替它？毕竟，在圣书体的例子中，我们与古埃及人共享了足够多的文化，例如，我们都了解圣甲虫的模样，都知道太阳是圆的。然而，当电话另一头的生命形式是通过化学气味进行交流的巨型蜈蚣或使用生物发光信号沟通的凝胶卷须状气泡时，我们该怎么办呢？

GA GA 电台 [1]

幸运的是，现在有一个明显适合作为罗塞塔石碑的候选者，而且不需要我们未来在某个沙漠星球的沙丘中挖掘它：那就是搭建射电望远镜所需的物理学和数学知识。我们和外星人

1. 标题原文 "Radio Ga Ga" 是皇后乐队 1984 年的著名歌曲，是在电视崛起的时代对广播时代的回忆。歌词提到了《世界大战》广播剧和火星人入侵。歌曲 MV 中有 1927 年科幻电影《大都会》(*Metropolis*) 的片段。——编者注

可能不会有相似的身体构造或文化，甚至也没有相同的生物化学特性，但是为了向我们发送无线电信息，呼叫我们的外星人至少会分享我们对无线电技术的爱好。这意味着我们和外星人至少在数学和物理学方面有相同的理解。[1]

就像我们假设外星人会在电磁波谱中噪声最小的波段广播信息一样，我们可以放心地假定他们会在信息开头放置一些罗塞塔石碑式的信息。宇宙间最常见的元素是氢，那就以氢为切入点吧。比如，他们可以先给出电子的电荷量，然后是质子质量，再搞定光速。当然，这里的问题是，要给这几个物理量赋予一个数值，智慧生物需要一个度量系统。也就是说需要使用单位，开普勒452b星人大概不可能跟我们一样也使用什么米啊，秒啊，或者千克这些单位。这就到了无量纲数大显身手的时候了。

无量纲数没有单位，所以无论你使用何种度量系统，其数值都保持不变。其实你已经知道了其中一个：π，圆的周长与直径的比值。不论是广义相对论，还是量子力学，都有π的身影，想必外星数学家对这个数字也耳熟能详。[2] 大部分人都能说出精确到小数点后三位的π值：3.142，约等于22/7。而在

---

1. 当然了，我们假设数学是宇宙通行的语言，而不是我们为了弄懂地球生命而精心设计的东西。所以我们也增加了与我们通信的文明的限制条件："拥有射电抛物面天线，同时与我们共享数学"。

2. 与物理学中许多无量纲数一样，π也是无理数，也就是说它不能以分数形式表示。

物理学家眼中，还有另一个同样著名的数字：137。

或者说，它的倒数，1/137，是精细结构常数 α 的近似值。这个神秘数字描述的是单个电子吸收或辐射单个光子的趋势，虽然它是电磁学的量子力学描述基础 —— 同时也是建造和使用射电天线的基础 —— 但我们对其来历一无所知。无独有偶，引力耦合常数 $α_G$，外星物理学家对这个数字的熟悉程度就像古埃及人对克娄巴特拉一样。另外，质子质量与电子质量的比值、中子质量与质子质量的比值，这些数字在外星人那儿也会是特殊的存在，就像在地球上一样。

然而，即便有了基础物理学的罗塞塔石碑，解码其余的外星无线电信息也不是一件简单的事情。毕竟世界上最聪明的学者破译埃及圣书体也花了 23 年的时间。要想成功，我们不仅需要像托马斯·杨这样的科学家，还要有像让-弗朗索瓦·商博良这样的天才语言学家。星际通信的早期阶段需要科学与艺术共同助力。

然而，我们在此期间寻找的是什么呢？答案实际上很简单：任何没有已知天然来源的传输。就像乔斯琳·贝尔·伯内尔一样，我们在寻找过程中会碰上一些脉冲星，但我们也能积累更多的经验。在当年那些学者看来，罗马的古埃及文物暗示着整个文明的智慧就潜藏在某个地方有待发掘。在寻找地外智慧生命时，我们自己就是引子。假设我们找到了某种不明的广播信号，我们要怎么做？令人惊讶的是，即便没有罗塞塔石碑，我们也不至于迷失方向。故事要从一个最不可能发生的地方说起：詹姆斯·乔伊斯的《尤利西斯》。

布鲁姆日之书

詹姆斯·乔伊斯的《尤利西斯》在美国杂志《小评论》（*The Little Review*）上首发连载，被认为是现代主义文学杰作。[1]关于此书，一切都违反了惯例。他的叙事，如果你能称之为叙事的话，可以总结为"两个人在都柏林散步，但几乎什么都没有发生"。技艺精湛、随心所欲、无情的学术和故意的色情，《尤利西斯》大概是你能想象到的最奇特的那种文字，摒弃了所有预先存在的人物、言语、风格、可理解性和可信度的惯例。阅读它令人兴奋，在感受突破形式的桎梏的同时，又不得不屈服于作者超凡的天资。

然而，虽然表面上看似是无政府和意识流的，当涉及基础结构时，《尤利西斯》受最严格的规则约束。正如哈佛大学语言学家乔治·金斯利·齐普夫（George Kingsley Zipf）在他1949年的著作《最省力原则：人类行为生态学导论》（*Human Behávior and the Principle of Least Effort*）中首次提到的那样，

---

1. 《尤利西斯》于 1918 年 3 月到 1920 年 12 月期间连载，1922 年在巴黎出版成书。书名是奥德修斯（Odysseus）的拉丁文名字，这是荷马撰写的史诗《奥德赛》（*Odyssey*）中的英雄人物。和他的编辑埃兹拉·庞德（Ezra Pound）一样，乔伊斯不惧怕所谓的含沙射影。

在进行统计分析时，《尤利西斯》不仅与其所借鉴的文本之一[1]，荷马的史诗作品《伊利亚特》（*Iliad*）没有区别，而且与古英语史诗《贝奥武夫》（*Beowulf*）、普劳图斯[2]的四部拉丁语戏剧，以及印第安人中的平原克里人（Plains Cree）所使用的语言也没有区别。重点是，如果你把《尤利西斯》中所有的单词都拿出来，统计每个单词出现的频率，然后按由高到低排序，你会发现一些不寻常的东西。

要想知道我在说什么，去看看本章开头《尤利西斯》的节选内容。其实要想真正看到规律，你需要分析整个文本，我们这里只是进行大致分析。很容易就能发现哪个单词出现的次数最多：它就是相当不经意的"of"，出现了 21 次。下一个是同样普通、不像乔伊斯风格的"the"，出现 11 次。再往后是出现 7 次的"in"，以及出现 5 次的"and"……你大概已经看到了一些规律。频率第二高的单词出现的次数大约是频率第一高的单词出现次数的 1/2，频率第三高的单词则是频率第一高的单词的 1/3，频率第四高的单词是频率第一高的单词的 1/4。简单说，如果我们将单词的等级定义为一个单词的出现次数的排序，频率定义为单词的出现次数，则有：

等级＝常数／频率

---

1. 另一个当然就是《奥德赛》。
2. 普劳图斯（Plautus，约公元前 254—前 184 年），古罗马剧作家。——编者注

光是告诉你就让我再次感到惊讶。为了增加说服力，我们来看看齐普夫在《最省力原则：人类行为生态学导论》中给出的数据，从表格中能更直观地看出：

单词	等级	频率
I（我）	10	2 653
say（说）	100	265
bag（包）	1 000	26
orangefiery（橙色火红）	10 000	2

更奇怪的是，这个规律并没有限于文本和语言。以1940年美国第16次人口普查的数据为例，齐普夫发现，城市人口、商铺数量和市民工资也有同样的规律。就是说，人口数量排名第十的城市，其人口是排名第一城市人口的1/10，排名第一百位的富豪的资产是首富的1/100。这一切意味着什么呢？

直到今天，也没有人能说出个所以然。几乎所有人文科学领域的人都尝试解读齐普夫定律，但尚未出现一种决定性的解释。[1] 正如他的书名所表示的那样，齐普夫的见解是，这反映了人类一种普适的准则"一切以便利生活为本"。如果城外的超市就有你所需要的一切物品甚至更多，为什么还要跑大老远去城里的购物街？如果汤姆·克鲁斯（Tom Cruise）有档

---

1. 接下来大概是整本书中最冷的笑话：当我们把关于齐普夫定律的各种解释以支持该解释的学者人数由多到少进行排序，会发现当涉及人类决策时，产生的数据集不服从齐普夫定律。好了你们可以笑了。

期，为什么还要找其他演员？如果可以用谷歌，为什么还要用 DuckDuckGo[1]？

说到语言，以下两种情况很快会让你生无可恋。一种是有太多的声音被重复，那些和三岁小孩一起坐车出远门的人一定对此深有感触。另一种情况，你在度假时尝试着说法语就能体会，其中不同的音节多得简直无法分辨。齐普夫发现，语言介于这两个极端之间，处于中间地带——更偏重于易于理解和表达的短单词——是恰到好处的平衡状态。不管怎么说，齐普夫定律是判断一段声音是否为语言的必要不充分条件。接下来，我们将讲述我们的故事中最吸引人的部分。劳伦斯·多伊尔（Laurance Doyle）、布伦达·麦科恩（Brenda McCowan）和肖恩·汉泽（Sean Hanser）三位学者在 1999 年发现，宽吻海豚的哨声遵循齐普夫定律。[2]

海豚社

SETI 研究海豚交流由来已久。1961 年，在绿岸举行的第一次 SETI 会议上，神经科学家约翰·利利是十位与会者之一。那一年他出版了《人与海豚》（*Man and Dolphin*），当时已是全

---

1. 一款不会记录用户隐私数据的搜索引擎。——译者注
2. 你能在亚历克斯·贝洛（Alex Bellos）的著作 *Alex Through the Looking Glass* 中找到关于齐普夫的精彩讨论。感谢亚历克斯，我准备写这一章的时候正好在一家咖啡店碰到他，他给了我这本书。

球畅销书。他声称，海豚不仅能产生复杂的情绪，还可能会说人类的语言。

利利的书引起了弗兰克·德雷克的注意，他希望了解与其他智慧物种沟通时可能出现的挑战。利利有电影明星般的外表，浑身散发着无限的魅力，这让他火速走红。他在会上称，宽吻海豚的大脑不仅比人脑大，而且神经元密度也和人脑相当。实际上，它们的某些大脑部分比人脑对应的部分还要复杂。

更重要的是，海豚似乎有自己的语言。他在美属维尔京群岛（Virgin Islands）的圣托马斯岛（St Thomas）新建了交流研究所，并在那里录制了磁带，来展示海豚如何通过哨声相互交流。他表示，如果放慢磁带的速度，海豚的吱吱声和咔嗒声听起来就像是人类的语言一样。有没有可能教会它们说英语呢？

但后来，弗兰克·德雷克不情愿地得出结论，利利的研究不过是"蹩脚的科学"，他大概是从好几个小时的录音中提炼出一小段听起来像是人类讲话的片段。不过在当时，利利的发现很有吸引力，因为他提供了一个他们一直在寻找的非人类智慧的可能性。只有菲利普·莫里森表示了怀疑，他指出，虽然海豚如此聪明，却没办法用鳍建造望远镜。

散会之际，这群科学家决定自称为"海豚社"（The Order of the Dolphin）。几周后，弗兰克·德雷克收到梅尔文·卡尔文[1]

---

1. 卡尔文循环（Calvin Cycle）正是他的研究工作，这是植物利用叶绿素吸收光能，通过光合作用生成糖的过程。

寄来的一个小包裹。同样的包裹也寄给了斯特鲁韦。德雷克后来得知，每一位与会人员都收到了包裹。盒子里是一枚银质徽章，是跳跃海豚造型的古希腊钱币的复制品。徽章不仅提醒着他们之间建立的情谊，而且在欣赏海豚的智慧时，他们是在崇敬可追溯到古希腊的学术传统。

与海豚对话的女孩 [1]

弗兰克·德雷克、卡尔·萨根，以及其他人对海豚的兴趣，帮助利利为他的交流研究所从 NASA 争取到了资金支持。1965 年，利利进行了有史以来最怪异的一个科学实验。他同意让一个 22 岁的研究人员玛格丽特·豪（Margaret Howe）与一只年轻的雄性宽吻海豚彼得（Peter）单独相处 10 周的时间。豪一直试图通过重复英文字母、数字和单词来教彼得说话，并试图让彼得重复"说"她所说的，就像母亲教孩子说话一样。豪相信，如果她持续与彼得接触，实验就能取得更大的进展。于是她说服利利允许她和海豚同居。

为了使豪和彼得共享居住空间，他们重新粉刷了楼上的房间，并在房间里注了水。水深及膝，这样既方便豪涉水而过，

1. 我强烈推荐你去看看克里斯·赖利（Chris Riley）导演的同名纪录片，其中包括了实验的原始片段以及纪录片制作时采访玛格丽特·洛瓦特（Margaret Lovatt）的镜头。克里斯·赖利以制作《月之阴影》（*In the Shadow of the Moon*）而出名。（洛瓦特是玛格丽特·豪的婚后姓。——编者注）

又足以使彼得在其中畅游。豪的床是一张位于其中一个水池中央的泡沫床垫，她的工作台由天花板上吊下来。为了尽可能减少与外界接触，她吃的是罐头食品。实验严格遵照时间表进行，彼得应该学些什么，如何记录实验，都由利利给出明确的指示。豪非常敬业，她修剪了头发，有段时间甚至把脸的下半部分涂上厚厚的白妆，并涂上黑色的唇膏，这样彼得就能够更清楚地看到她嘴唇的形状。

海豚生性放荡，随着实验进行，彼得开始对豪产生性兴趣。在第五周时，她在实验记录中写道"彼得开始勃起，而且在和我玩耍时频繁勃起"。当豪回绝它的示爱时，它会变得好斗，并用它的鳍和鼻子擦伤她的小腿。彼得在实验场所与其他雌性海豚越来越频繁地交配，严重扰乱了实验秩序，于是豪决定亲自动手解决彼得的性欲，这样它或许能够专注于自己的课程。而此时利利刚刚迷上了麦角酸二乙基酰胺（LSD）[1]，他的判断力可能被它蒙蔽了，他记录道："我感觉我们正处在一个新的转变之中，正在进入一个未知领域……"

资深语言学家格雷戈里·贝特森（Gregory Bateson）是研究所的所长，同时也领导着海豚的沟通研究，他不认为这个实验有任何深刻之处。在他看来，彼得只是为了能吃到鱼而模仿玛格丽特说话，它对自己所说的话理解很少或根本不理解。卡尔·萨根也对相关进展表示怀疑，并建议利利应该转向验证海

1.　Lysergic acid diethylamide，一种强烈的半人工致幻剂。——译者注

豚之间是否能彼此传达信息，而不是试图教它们说英语。

实验结果令利利愈发绝望，他急于求成，于是在 1966 年夏天，他迈出了激进的一步，将 LSD 注射进两只海豚体内，看看能否提高它们的语言能力。万幸的是，药物并没有起作用，即便是利利在水池边的岩石上启动风钻也没有扰乱海豚超灵敏的听觉。事态的变化让贝特森无法忍受，他离开了研究所。NASA 撤回了对利利的资助，研究所也关闭了，而与之有千丝万缕关系的 SETI 则永远留下了污点。

克服重重困难 [1]

除去"帮海豚手淫以及喂食 LSD"，利利实验带来的教训是一个基本问题。当和其他物种近距离接触时，我们很容易把我们自己的想法强加在它们的思维、感受和反馈上。例如，对我们来说，海豚缺少面部表情，这似乎表示缺乏同理心；而在海豚看来，我们在跟它们打招呼时不愿意倒立，同样也显得难以捉摸。但在一点上，利利似乎是正确的：海豚拥有所有代表高等智慧的特征。

举个例子，我们发现宽吻海豚不仅能看懂手势，还能看懂手势的顺序——也就是句法（syntax）——这让它们与众不同。

---

1. 标题原文"Jumping through Hoops"也有"跳圈"的双关之意。——编者注

20 世纪 80 年代，夏威夷海豚研究所的路易斯·赫尔曼（Louis Herman）和他的研究团队使用手臂信号成功教会了圈养海豚认"单词"。宽吻海豚能够理解多达五个"单词"的"句子"，能够区分"把球放在篮筐里（take the ball to the hoop）"和"把篮筐带到球那儿（take the hoop to the ball）"。

正如黛安娜·赖斯（Diana Reiss）的研究工作所展示的那样，宽吻海豚能够进行复杂的操作，它们能够利用喷水孔制造水下的气泡环，然后从其中穿过去。在一个案例中，圈养海豚用喷水孔制造出一股气泡，然后用尾巴使气泡形成一个环形。[1] 它们还展现出自主学习的能力，会通过水池边的一个大键盘来沟通，如果它们想要某种物品，就会按下相应的按钮。它们在照一面水下的镜子时还展现出自我意识，会扭动身体以查看赖斯和她的研究伙伴在它们身体上做的临时标记。

但直到 20 世纪 90 年代末，对于宽吻海豚的发声方式是否算某种形式的语言，人们还是不清楚。一般来说，它们可利用喷水孔发出两种声音：哨声和咔嗒声。通常说来，咔嗒声就是它们的声呐，帮助它们定位猎物，以及在能见度较差时找到路。[2] 而哨声——许多在人类听力范围之外——则展现所有的语言行为，但没有人有任何具体的证据。

---

1. 黛安娜·赖斯在布鲁塞尔的 TED× 布鲁塞尔演讲《镜中海豚》（*The Dolphin in the Mirror*）中展示了几段非常精彩的画面。
2. 海豚还会制造另一种声音，称为突发脉冲，像是一连串急促的咔嗒声。有证据表明这些声音和哨声一样有社交功能。

这种情况一直持续到 SETI 的劳伦斯·多伊尔和加州大学戴维斯分校的海豚研究学者布伦达·麦科恩和肖恩·汉泽合作时。作为 SETI 的天文学家，多伊尔对在开普勒望远镜的测量数据中挑选行星时所使用的数学工具是否可以用于解码外星信息很感兴趣。特别是，他对克劳德·香农的信息论能解读出什么外星无线电源的相关信息很感兴趣。从第五章可以看出，香农表明，包含 i 个字母的信息中，每个字母的概率为 p_i，最大信息量 H 是：

$$H = -\sum p_i \log_2 p_i$$

换句话说——这也是你唯一需要掌握的部分——只需要知道信息中有多少个字母，以及这些字母的出现频率，我们就能够得知一条信息中可能包含了多少信息量。

听上去很不可思议，因为确实挺不可思议的。在我看来，这是与爱因斯坦相对论或薛定谔波动方程相当的飞跃。我们来回顾一下第五章中的一个例子，我们的偷苹果计划由两个"字符"组成，"手电开启"和"手电关闭"。我们计算得到这条信息的信息量为 1 比特，即便我们不知道究竟是什么信息（即你是否参加）。

这个研究团队的想法很简单。既然没有找到地外智慧生命的信号，那为什么不关注海豚的信息，利用信息论看看其中包含了多少信息量？如果海豚信息的信息量巨大，能否说它们和人类语言的信息量一样多？

名字、排名和数字

多伊尔是通过行星协会（Planetary Society）认识麦科恩的。行星协会是美国的一个非营利组织，一直对搜索地外文明感兴趣。理解海豚的过程中需要解决的问题之一，是它们出色的听觉能力：声音在水中的传播效果比在空气中好得多，海豚能比蝙蝠听到频率更高的声音。[1] 此外，海豚的哨声可以很短，持续时间只有零点几秒，并且音高会迅速变化，这就使情形变得更加复杂。麦科恩在读博士期间开发了一个软件，不仅可以准确地对各个哨声取样，还可以按类型进行分类。既然有了可以在海豚消息中识别不同"字符"的方法，那么是否可以进一步使用信息论来分析了呢？

在麦科恩和汉泽近期的一篇论文中，他们通过一张表格列出了不同的海豚哨声以及它们各自的出现频率。他们还决定绘制齐普夫图来分析数据。他们对表格中的 40 个哨声进行了排序并标记了频率。接下来，就是将这些数据绘制在图表上。

你应该还记得，齐普夫定律可表示为：

等级 = 常数 / 频率

或

等级 = 常数 ×（频率）$^{-1}$

---

1. 小棕蝠（*Myotis lucifugus*）的听觉频率最高达 115 千赫兹，而一只普通的宽吻海豚（*Tursiops truncatus*）的听觉频率能轻松达到 150 千赫兹。人类的上限是 20 千赫兹。

为便于进行运算，将上式改写为：

$$等级 = (频率)^{-1} \times 常数$$

这种关系用专业的说法是幂律，意味着一个变量（等级）通过幂指数与另一个变量（频率）相关，这里幂指数是 –1。

这样画出的图还不够有趣，这里采用一个物理学上的常用技巧，对方程两边同时取对数：

$$\lg(等级) = \lg\left[(频率)^{-1} \times 常数\right]$$

$$\lg(等级) = -\lg(频率) + \lg(常数)$$

于是，上述方程就变成了著名的直线方程 $y = mx + c$ 的形式。此时，以哨声等级的对数值为横坐标，哨声频率的对数值为纵坐标绘图，结果令团队大吃一惊。图中呈现出一条直线，斜率为 –1，如下所示：

海豚发声齐普夫图

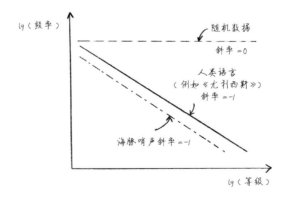

情况越发复杂了

令人难以置信的是，海豚哨声符合符号语言的基本条件之一：它与《尤利西斯》《伊利亚特》和平原克里语一样，都遵循齐普夫定律。结果还需要进行检验，因此，团队接着绘制了婴儿海豚的齐普夫图。果然，直线的斜率较平缓，表明它们所发出的哨声要丰富得多。换句话说，婴儿海豚正在咿呀学语。接下来，他们绘制了2～8个月大的海豚哨声图。这一次，线的斜率变得陡峭，达到 –1.05，表明幼年海豚正在自言自语。最后，9～12个月的青少年海豚的哨声图的斜率是 –1.00，这与成年海豚一致。它们的对话终于开始有意义了，毫无疑问，它们会在聊天时吐槽自己的父母糟糕透了。

接下来，团队决定分析一下其他物种的叫声并与宽吻海豚做对比。松鼠猴是生活在中美洲和南美洲的高度社会化的新大陆猴（New World monkey），它们能通过声音发出警报，互相告知捕食者的存在；而生活在美国西部的贝尔丁地松鼠则通过啁啾声警告彼此存在危险。研究团队记录了这两个物种成年体的声音，绘制并分析了它们的齐普夫图。松鼠猴的齐普夫图差强人意，斜率有 –0.75，而地松鼠的图中斜率仅为 –0.30。无论齐普夫图测量的是什么，成年宽吻海豚和人类的测量结果很多，松鼠猴也有一些，而地松鼠几乎没有。

所以，海豚到底有没有自己的语言？

正如我们所提到的，齐普夫定律是符号语言的必要不充分条件，其背后的原因也很容易理解。《尤利西斯》遵循齐普夫定律，但如果有一位勇敢的文学理论家声称，乔伊斯这部杰作中大部分复杂性是通过对每个单词出现频率的了解而捕捉到的，那他确实是一位勇敢的文学理论家。

显然，我们还有更多的事情要做。幸运的是，香农对此也有很多说法。要写出《尤利西斯》，你不仅需要正确的单词，还需要把它们放在正确的位置上。看看本章开头的文字，我们可以看到，"of the"出现了五次，"of our"出现了三次。这种两个单词的组合被称为"二元语法"（digrams）。显然，我们需要更多的文字来做一个更细致的工作。但是你可以看到，我们可以把词组看成单词，对词组也做同样的工作，计算每个词组在《尤利西斯》全书中的出现概率，并把它们代入克劳德·香农的——毫无疑问也是很厉害的——方程式之中。

像这样计算得到的数字叫作"二阶信息熵"。实际上你还能用同样的方法处理三元语法、四元语法、五元语法，计算三阶、四阶、五阶信息熵。阶数越高，对应的信息就越复杂。例如，人类语言的信息熵的阶数可达到八阶，这意味着平均而言，句法规则可以一次性连接八个单词。[1]那海豚的表现如何

---

1. 换个角度来看，由于有语法存在，如果你知道一个习惯用语的（转下页）

呢？它们能达到四阶。这与路易斯·赫尔曼教海豚手势语时海豚能够处理的手势数量相当。[1, 2]

和动物对话

就是这样，对吧？海豚有语言，但并不像我们的那样复杂。你可能怀疑答案是"不完全是"，的确如此。第一，我们测量的是信息熵，它告诉我们一条信息中可能包含多少信息量。与齐普夫图一样，达到四阶信息熵是复杂语言的必要不充分的条件。海豚的哨声可能服从复杂的语法规律，但实际上可能并不意味着什么，尽管从它们的高度社会化行为来看，这不大可能。就像古埃及的圣书体一样，在设法破译宽吻海豚的哨声之前，我们无法下定论。

第二，四阶信息熵可能不是海豚哨声的上限。我们知道，为了能计算更高阶的熵，你需要更多的文本。[3]多伊尔、麦科

（接上页）其中七个单词，你就能猜到第八个单词。但如果知道了八个单词，并不能帮助你猜到第九个。

1. 对热衷香农的人，我想说，齐普夫定律给出了单词取一阶信息熵时的分布概率。

2. 我在这里没有明确区分"字母""符号"和"单词"，不过我相信你多少已经找到了一些感觉。不管是字母、音素、单词还是短语等层面，香农公式都适用。不过，字母的高阶信息熵对应的是单词的低阶信息熵。例如，英语中单词的一阶信息熵约对应英语字母五阶和六阶的信息熵。

3. 一般来说，计算 n 阶信息熵的首要条件是你需要 10^n 个字符数。也就是说，计算二阶信息熵需要至少 1 000 个字符，四阶需要 10 000（转下页）

恩和汉泽在研究时只采用了约 10 000 个哨声，所以四阶熵是他们能发现的最高值。当每个 n 元语法 —— 在海豚的例子中是四元语法 —— 出现的次数大致相同时，说明信息熵的阶数已达到上限。然而，在海豚的哨声中，有些四元语法比其他的四元语法出现得更频繁，这意味着，如果多伊尔和他的团队能采集更多的哨声数据，他们可能会发现更高阶的熵。据我推测，海豚哨声的信息熵阶数可能会达到八阶甚至九阶。这意味着海豚不仅可以说话，而且比我们更聪明。令人震惊！

智人呼叫母星

依我愚见，多伊尔、麦科恩和汉泽的研究工作对我们所接收到的任何外星信息都有巨大影响。假设我们找到了一种从中提取信息的方法，我们要做的第一件事就是使用信息论分析外星信息。这样一来，即使不知道信息中有什么 —— 例如"我们买黄金"—— 我们也可以弄清楚它可能有多少内涵。15 阶信息熵会令我们穿着勃肯鞋（Birkenstocks）[1] 的密码学家十分震惊，但至少我们知道我们在处理什么。

为了能确定 15 阶信息熵，我们需要大量的信息。我们也

（接上页）个。《尤利西斯》全文有约 265 000 个单词，能够反映出最高达五阶的信息熵，因为 lg（265000）≈ 5.4。

1. 德国凉鞋品牌，以舒适著称。——编者注

希望外星信息尽可能多样化，结合每一种可能的媒介，展示他们每一个文化细节。我们想听听外星人的音乐，翻看外星人的度假照片，欣赏外星人的电影。但说到底，没有罗塞塔石碑，解码将是非常困难的一件事情。我们希望两个种族间多少有一些文化重叠——比如说，我们都花很长时间来养育孩子或都喜欢自拍——这样我们就找到等价于王名圈的事物：一小部分有明确含义的代码。

简而言之，我们希望外星人把他们的互联网发送过来。

METI 物理学

所以，最后，如果我们要向外星人发一条消息，应该发些什么呢？或者，我们应该发信号吗？包括霍金在内的许多杰出科学家认为，我们不应该主动接触外星人。他指出，与更先进的技术文明接触并没有给平原印第安人带来好结果。在一定程度上，他是正确的。我们不知道外面究竟有什么。也许一个先进文明将通过虫洞旅行来到这里，然后把太平洋吸进一辆巨型运水车中。

SETI 负责人塞思·肖斯塔克（Seth Shostak）最近在《纽约时报》的一篇文章中指出，这是我们过去从来没有过的担忧。我们知道，1962 年的"和平信息"首开先河，向金星发送了一个简短的莫尔斯电码。接下来，分别发射于 1972 年和

1973 年的先驱者 10 号和先驱者 11 号都携带着载有信息的镀金铝板（Golden Plaque）。1974 年我们向拥有约 30 万颗恒星的星团梅西叶 13（Messier 13）发送的阿雷西沃信息（Arecibo Message），是我们有史以来传送过的最强大的信息。信息中描绘了一个棒形小人、一段螺旋状的 DNA 和太阳系图。图像粗糙的像素风格使 20 世纪 70 年代的电子游戏《乒乓游戏》（Pong）都显得颇为复杂。[1]

接下来就是 1977 年的旅行者 1 号和旅行者 2 号探测器以及著名的金唱片。正如我们所听到的，安·德鲁彦和卡尔·萨根在唱片中整合了他们可以获得的各种信息：演讲、鲸歌、古典音乐、摇滚乐，还有泰姬陵和鳄鱼的腹部图像。当然，他们排除了任何与战争、政治或宗教有关的内容。毕竟，我们不想因为我们的不良行为让外星人感到失望。

自金唱片以来，克里米亚（Crimea）成了向地外文明发送信息（Messaging to Extra-Terrestrial Intelligence, METI）活动的主要焦点，这要归功于俄罗斯天文学家亚历山大·扎伊采夫（Aleksander Zaitsev）。在他的监督下，两条名为"宇宙的呼唤"（Cosmic Calls）的消息分别于 1999 年和 2003 年被发送到邻近的九颗恒星。美国人也不甘示弱，NASA 在 2008 年向北极星发送了披头士乐队的单曲《穿越宇宙》（"Across the Universe"）。

与其继续发送这类"贺卡"消息，我更由衷地赞成肖斯

---

1. 该游戏很多时候被认为是第一台街机电子游戏。——编者注

塔克更激进的建议：我们应该开始发送"大数据"。正如劳伦斯·多伊尔的研究所显示的那样，对此我们不必有太多顾虑。外星人想做的第一件事就是确定我们的消息中是否包含任何有用的信息，要做到这一点，他们就需要大量的数据。当然，还有其他理由。在我们发送我们所拥有的一切时，我们应该毫不隐瞒地展示我们是谁。我们不要假装自己是圣人，我们就是人类。

　　我们不必担心数据会让外星人过载。对一个比我们更先进的技术文明来说，存储来自我们这个世界的数百艾字节（exabyte）[1]数据就是小菜一碟。[2]与此同时，尽管他们的技术可能更先进，但我们不要以为他们一定比我们聪明。我们之所以有机会与外界联系，是因为我们操纵信息的能力，而不在于我们的个人智慧。

　　让我们把整个互联网发送出去吧，而且在我们开始这么做的时候，我们要加倍努力弄清楚我们地球生物的交流系统。我们只有和海豚说上话，才有一线希望与外星人对上话。只要为我做一件事：在发送信息时，在前面某个地方加上詹姆斯·乔伊斯的《尤利西斯》。不仅仅是因为它有着能让你热泪盈眶的最大信息熵，而且它还很有趣。而我们迄今为止所发送的消息

---

1. 艾字节，计算机存储容量单位，常用 EB 表示。1 艾字节 =2^{60} 字节。——编者注

2. 据西班牙加泰罗尼亚开放大学的普丽西拉·洛佩斯（Priscila Lopez）和美国南加州大学的马丁·希尔伯特（Martin Hilbert）在 2007 年估计，为 2.9×10^{20} 字节。

一点都不幽默。[1]

　　这其中最讽刺的是：卡尔·萨根是对的，金唱片对嬉皮士也能兼容并蓄。他和安·德鲁彦传送了他们那个时代的互联网；现在我们也要做同样的事情。毕竟，与所有有价值的沟通一样，真正的消息不是我们的物理学知识，也不是我们在太阳系中的位置。我们首先要传达的是我们想对话这一事实。

宇宙中只有我们吗？

　　我们这段旅程始于一个问题。为了回答这个问题，我们需要澄清几件事情：首先，所谓的 UFO 证据都经不起推敲，而 SETI 有坚实的科学依据。其次，我们所了解的宇宙基本结构——例如作为基础的几种作用力的大小——恰到好处，使得碳基生命成为现实。所有已知生命都是一体的；无论真菌、麋鹿，还是细菌，这个星球上的生物和我们都有密切的联系。

　　在寻找可探测外星信号的艰苦道路上，我们召唤了德雷克方程。关键是，我们了解到，其他类地球世界联络我们的概率由多个因素共同决定。首先，我们需要知道类地行星的生成概率。要计算这一概率，我们就需要了解类太阳恒星的生成概率，这些恒星拥有类地行星的比例，以及每颗恒星拥有类地行

---

1. 加之，其中最好笑的一个笑话是这个笑话不可能被理解。

星的数量。

多亏了开普勒空间望远镜，我们已经大致掌握了这些问题的准确答案。令人意外的是，这些答案和那几位"海豚社"成员当初的猜测非常接近，类太阳恒星大约每一年形成一颗，其中，1/5～1/2 的恒星可能拥有一颗类地行星。

接下来，德雷克方程需要知道宜居行星的形成概率。同样，按照最初的 SETI 会议的说法，最佳猜测是：这是一个很大的数字，基本相当于类地行星的形成概率。我们的相关证据是，早期出现的微生物生命，以及它们似乎已经踏出了重要的第一步——演化出细胞膜——并且至少演化了两次，从而产生了细菌及它们的海底伙伴，古菌。

下一步是通过观察生命演化中的关键转变来感受复杂生命出现的可能性。在这些转变中，唯一的瓶颈是线粒体的出现，在地球 45 亿年的历史中只发生过一次。没有线粒体，就没有真核细胞。就我个人而言，正是这块在混乱河流中的垫脚石让我夜不能寐。在此之前和之后，一切都很自然，但如果没有古菌奴役细菌带来的巨大能量储备，很难看到生命的复杂性是如何产生的。

回到德雷克方程，这个"真核生物瓶颈"的出现让我们偏离了德雷克及其他人的早期计算。能够发展出复杂生命的类地行星到底占多少呢？诚然，我们的调查表明，复杂生命不可避免地会发展出智慧，但由于众多生命中只出现了一个能够继续前进的例子，那么我们到底能得出一个什么数字呢？虽然我们并非一无所知，但也充满迷茫。结果也许是 1/100？或者 $1/10^6$？

让我们欣慰的是，我们认为至少还有一个内共生的实例，即一种类型的细胞奴役另一种类型的细胞。这个例子就是真核生物与蓝细菌共生，由此诞生了我们在植物中发现的细胞类型。复杂生命或许很罕见，但就像我们的太阳系一样，它有特异性的木星，没有超级地球，这种情况其实在宇宙中也不是那么罕见。

最后，我们发现，作为人类，我们与地球上无数的其他生物共享文明、农业、语言和文化。如果我们要学习与外星人交流，我们首先要学会与我们自己星球上的其他陆生和非陆生智慧生命交流。巨大而古老的大脑就在那里，渴望玩耍、交流和教学。宇宙中只有我们吗？不。不过，是时候迈出我们的第一步了。

推荐阅读

依我拙见，以下各书不仅是优秀的科普作品，而且是优秀的写作文本。

嗜极微生物

The Voyage of the Beagle by Charles Darwin, Penguin Classics, 1989

Weird Life: The Search for Life That is Very, Very Different from Our Own by David Toomey, W. W. Norton & Company, 2014

UFOS

Aliens: Why They Are Here by Bryan Appleyard, Scribner, 2005

The Demon Haunted World: Science as a Candle in the Dark by Carl Sagan, Ballantine Books Inc., 1997

SETI

The Eerie Silence: Renewing Our Search for Alien Intelligence by Paul Davies, Mariner, 2011

Rare Earth: Why Complex Life is Uncommon in the Universe by Peter D. Ward and Donald Brownlee, Copernicus (2000)

宇宙

Just Six Numbers: The Deep Forces That Shape the Universe

by Martin Rees, Basic, 2001

The Hidden Reality: Parallel Universes and the Deep Laws of the Cosmos by Brian Greene, Vintage, 2011

生命

What is Life? by Erwin Schrödinger, Cambridge University Press, 2012

Creation: How Science is Reinventing Itself by Adam Rutherford, Current, 2014

人类

Human Universe by Brian Cox and Andrew Cohen, William Collins, 2014

The Accidental Species: Misunderstandings of Human Evolution by Henry Gee, University of Chicago Press, 2013

外星人

What Does a Martian Look Like? The Science of Extraterrestrial Life by Jack Cohen and Ian Stewart, Ebury Press, 2004

Bird Brain by Nathan Emery, Princeton University Press, 2016

信息

The Information by James Gleick, Vintage, 2012

Cells to Civilizations: The Principles of Change That Shape Life by Enrico Coen, Princeton University Press, 2015

致　谢

　　首先，我要感谢丹·克利夫顿（Dan Clifton），是他种下种子，促成了这本书的诞生。丹在我主持的 BBC 地平线系列纪录片《一度》（*One Degree*）中担任编剧和导演。此人多才多艺，是个跨学科的怪才，你会觉得他就是个外星人。我希望，在这本书出版后他不要再把地外生命相关的网页链接发给我了。丹为这本书种下了种子，我也要感谢呵护此书开枝散叶的两位园丁，hhb 文学代理公司的埃利·詹姆斯（Elly James）和西莉亚·海利（Celia Hayley），以及特别棒的出版人安东尼娅·霍奇森（Antonia Hodgson），是她帮助我使这本书长成了参天大树。

　　感谢三位研究人员：苏西·麦克林托克（Suzy McClintock）、莉齐·克劳奇（Lizzie Crouch）和安德鲁·贝利（Andrew Bailey），他们孜孜不倦地寻找最美妙的故事，是最杰出的内容贡献者，耐心解释我完全不了解的生物学。感谢利特尔布朗出版社一流的团队，包括但不仅限于里安农·史密斯（Rhiannon Smith）、柯尔斯廷·阿斯特（Kirsteen Astor）、蕾切尔·威尔基（Rachel Wilkie）、肖恩·加雷希（Sean Garrehy）、佐薇·古伦（Zoe

Gullen），以及销售团队中的每个人，尤其是珍妮弗·威尔逊（Jennifer Wilson）、萨拉·塔尔博特（Sara Talbot）、蕾切尔·胡姆（Rachael Hum）和本·戈达德（Ben Goddard）。我还要感谢传奇的希瑟·霍尔登－布朗（Heather Holden-Brown）和 hhb 的杰克·芒内利（Jack Munnelly）。

　　编写这本书是一大挑战，一路上我遇见了许多杰出的科学家。这里要特别提到马兹兰·奥斯曼，她对外星人的热忱非常激动人心。尼克·莱恩非常细心地给我讲了一节生物入门课程：有点像请爱因斯坦帮忙修单车的感觉。尼基·克莱顿和内森·莱恩不仅向我开放了他们的实验室，还与我分享了他们对外星智慧生命潜在的生命形式的想法。我还要隆重感谢劳伦斯·多伊尔，他把香农的信息熵理论讲得很透彻。感谢卡洛斯·弗伦克（Carlos Frenk）带我见识了伽马射线暴，感谢乔斯琳·贝尔·伯内尔耐心地重新讲述了她发现类星体的非凡故事，感谢理查德·克劳瑟（Richard Crowther）给我讲了一些关于近地天体（Near Earth Objects）的内幕。另外我还收到了整本书中最好的赠品：一架云霄塔 C1（Skylon C1）模型。

　　毫无疑问，如果书中有任何错误，都算我头上。如果没有以下几位资历过高的"裁判"鼎力相助，我怕是要犯更多错误。剑桥大学天体物理学系主任保罗·亚历山大（Paul Alexander）教授非常友好，纠正了好些我在宇宙学领域闹的笑话；剑桥大学古生物学系的本·斯莱特（Ben Slater）博士从红矮星的宜居性到地球的远古历史，帮我打点好了一切。兰开斯特大学彼得·麦克林托克（Peter McClintock）教授带着我重新学习了一遍热力学；同时伦敦大学学院的尼克·莱恩博士审阅了书中的演化生物化学内容，他也没有强调说其实当中大部分都引自他的著作。

如果说在一个你知之甚少的领域写一本书，听上去已经很吓人；那么和一个在自己知之甚少的领域写书的人结婚，应该算是非常吓人了：杰丝（Jess）谢谢你，谢谢你的爱和鼓励。桑尼、哈里森和拉纳：本书为你们而写。衷心感谢一直以来支持我的家人：我的母亲玛丽昂（Marion），我的姐妹布朗温（Bronwen）和利娅（Leah），我的姻亲兄弟理查德（Richard）、菲尔（Phil）和乔希（Josh），我的岳父艾伦·帕克（Alan Parker）和岳母斯蒂芬妮（Stephanie）。以及我的朋友亚历山大（Alexander）和汉娜·阿姆斯特朗（Hannah Armstrong）、托尤思（Torjus）和阿梅莉亚·博拉克（Amelia Baalack）、皮埃尔（Pierre）和凯茜·孔杜（Kathy Condou）、史蒂文·克里（Steven Cree）和卡伦·克劳福德（Kahleen Crawford）、约诺（Jono）和阿曼达·厄比（Amanda Irby）、加里（Gary）和劳伦·肯普（Lauren Kemp）、布鲁斯·麦凯（Bruce McKay），以及乔纳森（Jonathan）和谢巴赫·约（Shebah Yeo），是他们一直保持耐心听着我滔滔不绝讲着外星人。

最后我想感谢拉斐尔·阿格里兹·L. 德梅代罗斯（Rafael Agrizzi L De Medeiros）、丹妮拉·杰克逊（Daniella Jackson）、索菲·刘易斯（Sophie Lewis）和埃洛伊斯·奥迪（Elouise Ody），他们都在我最喜欢的那家咖啡厅工作。这本书基本上就是在那里完成的。我保证，下一本书不会在你们那儿写了。

插图来源

大耳朵射电望远镜	© Ben Miller	99
ALH84001 陨石上的结构	© NASA，经许可复制	141
氨基酸和碱基	© Ben Miller	176
原核细胞和真核细胞	© Ben Miller	201
地质年代	© Ben Miller	207
用一天时间表示地球上的生命史	© Ben Miller	208
图特摩斯三世的王名	© Ben Miller	270
杨对托勒密符号的注音	© Ben Miller	276
商博良对托勒密王名圈的翻译	© Ben Miller	277

克娄巴特拉王名圈的部分翻译	© Ben Miller	278
克娄巴特拉王名圈的全部翻译	© Ben Miller	278
亚历山大大帝王名圈的部分翻译	© Ben Miller	278
亚历山大大帝王名圈的全部翻译	© Ben Miller	279
海豚发声齐普夫图	© Ben Miller	295